配电自动化终端
运维典型案例

国网浙江省电力有限公司　组编

中国电力出版社
CHINA ELECTRIC POWER PRESS

内 容 提 要

本书从国网浙江电力实际情况出发，以案例形式介绍了配电自动化终端运维的典型操作。全书共五个章节：第 1 章概述了配电网和配电自动化，然后介绍了设备（含 DTU 和架空型故障指示器、智能开关）及结构、通信（含规约）基本概念、安防基础知识、继电保护与馈线自动化原理、继保仪的使用、工作票和工作中的危险点；第 2 章介绍 DTU 典型操作，包括开关站改造前勘查，DTU 参数配置、联调、验收，以及 DTU 和环网柜二次回路故障排查；第 3 章介绍故障指示器和智能开关的典型操作，涉及主站部分是华云四区主站；第 4 章介绍涉及 DTU 的终端侧安全防护操作；第 5 章介绍 DTU、故障指示器、智能开关的日常运维要求与操作。

本书立足于最基础理论讲述，并与实际操作相互结合，面向现场一线人员，内容详实、讲解细致、图片丰富。可供从事相关专业的技术技能人员、管理人员学习使用，也可以作为入门书籍使用。第 3 章馈线终端部分适合使用华云主站的各省公司一线人员作为参考教材使用。

图书在版编目（CIP）数据

配电自动化终端运维典型案例/国网浙江省电力有限公司组编. —北京：中国电力出版社，2023.6
（2024.6 重印）
ISBN 978-7-5198-7687-6

Ⅰ．①配…　Ⅱ．①国…　Ⅲ．①配电自动化－终端设备－案例　Ⅳ．①TM76

中国国家版本馆 CIP 数据核字（2023）第 058461 号

出版发行：中国电力出版社
地　　址：北京市东城区北京站西街 19 号（邮政编码 100005）
网　　址：http://www.cepp.sgcc.com.cn
责任编辑：穆智勇（010-63412336）
责任校对：黄　蓓　朱丽芳
装帧设计：郝晓燕
责任印制：石　雷

印　　刷：北京天泽润科贸有限公司
版　　次：2023 年 6 月第一版
印　　次：2024 年 6 月北京第三次印刷
开　　本：787 毫米×1092 毫米　16 开本
印　　张：11
字　　数：234 千字
印　　数：1501—2000 册
定　　价：58.00 元

编　委　会

前　言

　　配电自动化是提高供电可靠性的重要技术手段。我国配电自动化技术从 20 世纪 90 年代开始试点，期间经历了几个阶段。浙江省也有多个城市参与了第一批、第二批、第三批试点。自 2017 年国网设备部发布六号文以来，配电自动化工作在国家电网公司系统内已经从试点转为全面铺开。根据国家电网公司"十三五"配电自动化应用工作要求，新一代配电自动化系统建设作为配电网智能感知的重要环节，是配网建设重点工作之一。浙江省配电自动化建设从 2018 年开始进入所有地市公司全面铺开阶段。在建设过程中发现各地市公司存在配电自动化建设人才严重不足的问题，需要通过培训解决配电自动化建设基层人才培养问题。

　　从国内开始配电自动化试点以来，配电自动化方面教材出版很多。但由于国网浙江电力的配电自动化建设侧重点与其他省份有所不同，国内目前出版的配电自动化书籍用于国网浙江电力的培训中针对性不强，不适合作为国网浙江电力的配电自动化培训教材，故国网浙江电力培训中心组织编写了这本培训教材。本书立足于国网浙江电力目前终端侧运维工作的实际情况，以 2019 年国网比武的教练和队员作为主要班底，依托国网浙江省电力有限公司培训中心湖州分中心配电自动化实训基地，经多次修改完成。

　　本书从最基础的概念出发，重点阐述了 DTU、架空型故障指示器、智能开关的日常典型工作。考虑省内各地市自动化发展水平参差不齐，读者层次和专业水平不同，为兼顾初级学员，在讲述中力求细化到设备每个模块，配以图片展示外观，并说明具体功能；所有操作既有总的流程说明，也有具体操作步骤，力求讲述清晰明确，流程和步骤也都有相应配图说明。同时考虑到本书目的是用于解决实际工作中的问题，所以对终端侧日常典型工作都有涉及，同时对终端侧工作中涉及的一些其他相关知识也做了介绍。

　　限于时间和编者能力，书中疏漏在所难免，欢迎广大读者批评指正。

编　者

2023 年 6 月

目 录

第1章 配电自动化基础知识

1.1 配电网与自动化基础知识

1.1.1 配电网基础

1.1.1.1 概述

1. 配电网的定义

电能是一种应用广泛的能源，其生产（发电厂）、输送（输配电线路）、分配（变配电站）和消费（电力用户）的各个环节有机地构成了一个系统，如图1-1所示。

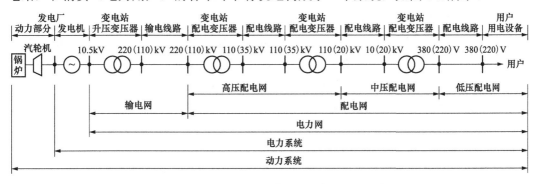

图1-1 动力系统、电力系统、电力网组成示意图

（1）动力系统：指由发电厂的动力部分（如火力发电的锅炉、汽轮机，水力发电的水轮机和水库，核力发电的核反应堆和汽轮机等）以及发电、输电、变电、配电、用电组成的整体。

（2）电力系统：指由发电、输电、变电、配电和用电组成的整体，它是动力系统的一部分。

（3）电力网：电力系统中输送、变换和分配电能的部分，它包括升压、降压变压器和各种电压等级的输配电线路。电力网按其在电力系统中的作用不同分为输电网和配电网。

1）输电网：以220kV及以上的输电线路将发电厂、变电站连接起来的输电网络，

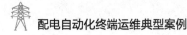

是电力网中的主干网络。

2）配电网：从输电网接受电能分配到配电变电站后，再向用户供电的网络。配电网包括多个电压等级，这些不同电压等级的配电网之间通过变压器连接成一个整体配电系统。对配电网的基本要求主要有供电的连续性、可靠性及合格的电能质量和运行的经济性等。

2. 配电网的分类

配电网按电压等级的不同，可分为高压配电网（110、35kV）、中压配电网（20、10、6、3kV）和低压配电网（220/380V）；按供电地域特点不同或服务对象不同，可分为城市配电网和农村配电网；按配电线路的不同，可分为架空配电网、电缆配电网及架空电缆混合配电网。

（1）高压配电网：指由高压配电线路和相应等级的配电变电站组成的配电网。其功能是从上一级电源接受电能后，直接向高压用户供电，或通过变压器为下一级中压配电网提供电源。高压配电网分为 110、63、35kV 三个电压等级，城市配电网一般采用 110kV 作为高压配电电压。高压配电网具有容量大、负荷重、负荷节点少、供电可靠性要求高等特点。

（2）中压配电网：指由中压配电线路和配电变电站组成的配电网。其功能是从输电网或高压配电网接受电能，向中压用户供电，或向用电小区的配电变电站供电，再经过降压后向下一级低压配电网提供电源。中压配电网具有供电面广、容量大、配电点多等特点。我国中压配电网一般采用 10kV 为额定电压。

（3）低压配电网：指由低压配电线路及其附属电气设备组成的配电网。其功能是以中压配电网的配电变压器为电源，将电能通过低压配电线路直接送给用户。低压配电网的供电距离较近，低压电源点较多，一台配电变压器就可作为一个低压配电网的电源，两个电源点之间的距离通常不超过几百米。低压配电线路供电容量不大，但分布面广，除一些集中用电的用户外，大量是供给城乡居民生活用电及分散的街道照明用电等。低压配电网主要采用三相四线制、单相和三相三线制组成的混合系统。我国规定采用单相220V、三相 380V 的低压额定电压。

3. 配电网的特点
（1）供电线路长，分布面积广。
（2）发展速度快，用户对供电质量要求高。
（3）经济发展较好地区配电网设计标准较高，对供电的可靠性要求较高。
（4）农网负荷季节性强。
（5）配电网接线较复杂，必须保证调度上的灵活性、运行上的供电连续性和经济性。
（6）随着配电网自动化水平的提高，对供电管理水平的要求越来越高。

1.1.1.2　国内中压配电网接线模型

1. 电缆配电网接线模型
电缆配电网接线模型分为单射式、双射式、单环式、双环式和 N 供 1 备五种。

（1）单射式：指一条中压线路只具备单侧电源，呈辐射状供电，如图 1-2 所示。该接线方式供电可靠性较差，一段主干电缆发生故障时，将损失部分或全部负荷，不满足 $N-1$ 要求。由于不考虑故障方式下的容量备用，因此主干线可满载运行。

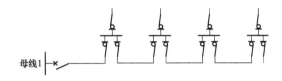

图 1-2　10kV 电缆线路单射接线方式

（2）双射式：本质上是由两个独立的单射网并行组成的，如图 1-3 所示。与单射网相比，其更容易为用户提供双路电源供电。随着网络的发展，双射式可逐步过渡为双环式。

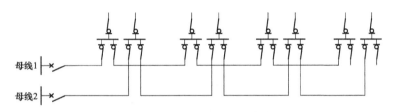

图 1-3　10kV 电缆线路双射接线方式

（3）单环式：指来自不同电源的两条中压电缆线路相互联络，形成环网，开环运行，如图 1-4 所示。任一段主干电缆故障时，可通过网络重构将故障段切除，并恢复对非故障段的供电，不损失负荷。为确保故障方式下实现负荷转供，主干线正常运行时的负载率应控制在 50% 以内。

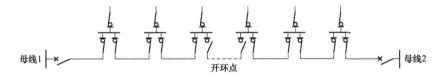

图 1-4　10kV 电缆线路单环接线方式

（4）双环式：本质上是由两个独立的单环网并行组成的，如图 1-5 所示。与单环网相比，其更容易为用户提供双路电源供电。通过在环网单元的不同段母线之间增加母联开关，双环网接线可衍生为 H 型接线。目前，国内负荷密度大、对可靠性要求较高的城市核心区域主要采用双环式接线或其衍生模式。

（5）N 供 1 备：指 N 条来自不同电源的中压电缆线路相互联络，形成环网，开环运行，另一条空载线路作为公用的备用线路，如图 1-6 所示。N 供 1 备线路负载率可达到 $N/(N+1)$，N 的取值越大，设备利用率越高，但运行方式会变得复杂。

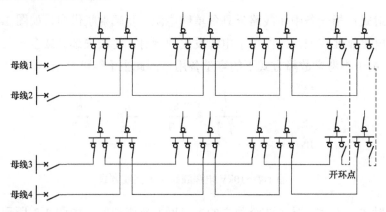

图 1-5　10kV 电缆线路双环接线方式

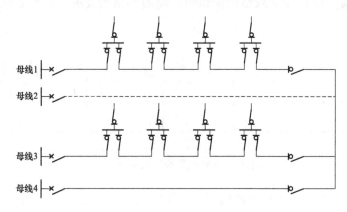

图 1-6　10kV 电缆线路 *N* 供 1 备接线方式

2. 架空网接线模型

架空网接线模型分为辐射式、多分段单联络和多分段多联络三种。

（1）辐射式：指从变电站馈出的单条中压线路，呈辐射状供电，如图 1-7 所示。该接线方式供电可靠性较差，一般仅用于负荷密度较低、缺少变电站布点的地区。为缩小事故或检修时的停电范围，一般将主干线分为若干段。

（2）多分段单联络：指来自不同电源的两条中压架空线路相互联络，形成环网，开环运行，如图 1-8 所示。该接线方式架空线路的任一个分段故障，可将非故障段负荷转移至相邻电源供电，可靠性较辐射式接线有所提高。为确保故障方式下实现负荷转供，主干线正常运行时的负载率应控制在 50% 以内。

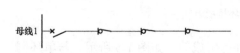

图 1-7　10kV 架空线路辐射接线方式

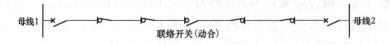

图 1-8　10kV 架空线路多分段单联络接线方式

4

（3）多分段多联络：指来自不同电源的多条中压架空线路相互联络，形成环网，开环运行，如图 1-9 所示。该接线方式架空线路的任一个分段故障，该条线路的非故障段负荷可以转移至相邻的多个电源供电，可靠性高，同时线路负载率也得到提升。常用的有多分段两联络和多分段三联络接线方式。

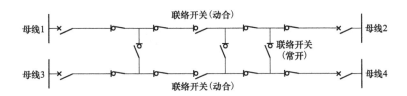

图 1-9　10kV 架空线路多分段多联络接线方式

1.1.1.3　中压开关设备

中压开关设备是一种重要的配电设备。配电网继电保护与自动化系统通过对开关设备的遥控控制，实现配电网故障的切除和恢复供电以及优化运行。中压开关设备主要包括电缆线路的环网柜和架空线路的柱上开关。

1. 环网柜

环网柜主要由气箱体（含开关本体）、钣金外壳、操动机构、二次控制室（或称仪器仪表室）、电缆附件等部分构成。在 2012 年以前，环网柜主要以手动操作为主，配备电动操作的环网柜占比很小，随着《关于加快推进城市配电网示范工程建设工作方案》（国家电网生〔2012〕148 号）的贯彻和站所终端（distribution terminal unit，DTU）产品的推广，环网柜逐步进入以电动操作为主、手动操作为辅的阶段，由此二次控制室逐渐成为环网柜的标配。环网柜可进行如下分类。

（1）按电压等级分：12、24、35kV，目前主要是 12（10）kV；

（2）按绝缘介质分：空气绝缘环网柜，SF_6 绝缘环网柜，固体绝缘环网柜，目前市场上以 SF_6 绝缘环网柜为主。

（3）按扩展性能分：分为可扩展和不可扩展，即日常所说的单元式和共箱式。

（4）按功能分：负荷开关柜、负荷开关熔断器组合电器柜、断路器柜、电压互感器柜和计量柜（母线提升柜或母线联络柜、隔离柜属于负荷开关柜）。

（5）按型式分：美式环网柜及欧式环网柜（SF_6 绝缘）。1991 年前美式环网柜（见图 1-10）在国内使用较多，之后欧式环网柜（见图 1-11）进入中国市场，1998 年后开始大面积使用。目前市场上基本都是欧式环网柜，美式环网柜已经很少见到。

2. 柱上开关

柱上开关安装在 10kV 架空线路中，主要有断路器、负荷开关、自动分段器、重合器等。

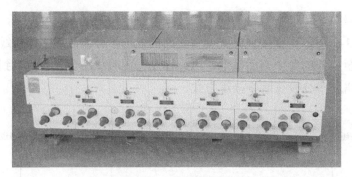

图 1-10　美式环网柜

图 1-11　欧式环网柜

（1）柱上断路器：能开断、关合短路电流，在中压配电网中有着广泛的应用。它既可用于架空线路中作为短路保护设备，也可用作线路分段负荷开关，加装配电网终端后实现配网自动化。按照灭弧介质的不同，柱上断路器主要有空气、绝缘油、SF$_6$ 与真空断路器四类，其中前两类已逐步淘汰，常见的共箱式和支柱式柱上真空断路器如图 1-12、图 1-13 所示。按操动机构可分为弹簧操动机构、电磁操动机构、永磁操动机构三类。

图 1-12　ZW20 型共箱式柱上真空断路器

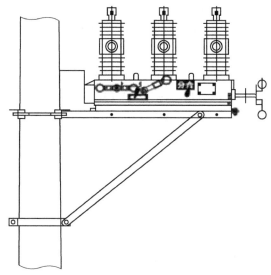

图 1-13　ZW32 型支柱式柱上真空断路器

（2）柱上负荷开关：具有承载、分合额定电流能力，但不能开断短路电流，主要用于线路的分段和故障隔离。柱上负荷开关分为产气式负荷开关和真空、SF₆负荷开关三种。

1）产气式负荷开关是利用固体产气材料组成的狭缝在电弧作用下产生大量气体形成气吹灭弧，因其结构简单，成本低廉而一度被广泛推广使用。

2）真空、SF_6负荷开关。与真空、SF_6断路器外形、参数相似，区别在于负荷开关不配保护 TA、不能开断短路电流，但可以承受短路电流、关合短路电流，具有寿命长、免维护特点，机械寿命、额定电流开断次数 10000 次以上，适合于频繁操作。常用的 FLW34 型共箱式负荷开关如图 1-14 所示。

1.1.2　配电自动化基础

配电自动化（distribution automation）是以一次网架和设备为基础，综合利用计算机、信息及通信等技术，并通过与相关应用系统的信息集成，实现对配电网的监测、控制和快速故障隔离。

图 1-14　FLW34 型共箱式负荷开关

配电自动化系统（distribution automation system）是实现配电网运行监视和控制的自动化系统，具备配电 SCADA（supervisory control and data acquisition）、故障处理、分析应用及与相关应用系统互连等功能，主要由配电自动化系统主站、配电自动化系统子站（可选）、配电自动化终端和通信网络等部分组成。

图 1-15 为配电自动化系统示意图，它包含一次网架、一次设备、配电自动化终端、通信网络及配电自动化系统主站。

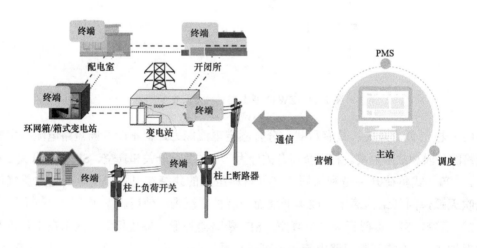

图 1-15　配电自动化系统示意图

1.1.2.1　一次网架和设备

一次网架和设备在配电网中用于电能的输送和分配。日常主要接触的是开关，常见的有负荷开关环网柜、断路器环网柜、柱上断路器、柱上负荷开关等，目前还出现了一二次融合开关。

1.1.2.2 配电自动化系统

1. 配电自动化终端

配电自动化终端（remote terminal unit of distribution automation）是安装在配电网的各类远方监测、控制单元的总称，完成数据采集、控制、通信等功能，简称配电终端。主要包括馈线终端（feeder terminal unit，FTU）、站所终端（distribution terminal unit，DTU）、配变终端（transformer terminal unit，TTU）三类。

（1）馈线终端 FTU：安装在中压配电网架空线路杆塔等处的配电终端，按照功能分为"三遥"终端和"二遥"终端，其中"二遥"终端又可分为基本型终端、标准型终端和动作型终端。

（2）站所终端 DTU：安装在中压配电网电缆线路开关站、配电室、环网箱、箱式变电站等处的配电终端，依照功能分为"三遥"终端和"二遥"终端，其中"二遥"终端又可分为标准型终端和动作型终端。

（3）配变终端 TTU：安装在配电变压器低压出线处，用于监测配变各种运行参数的配电终端。

（4）基本型终端（basic monitoring terminal）：用于采集或接收由故障指示器发出的线路遥信、遥测信息，并通过无线公网或无线专网方式上传的配电终端。

（5）标准型终端（standard monitoring terminal）：用于配电线路遥测、遥信及故障信息的监测，实现本地报警并通过无线公网、无线专网等通信方式上传的配电终端。

（6）动作型终端（action type monitoring terminal）：用于配电线路遥测、遥信及故障信息的监测，能实现就地故障自动隔离，并通过无线公网、无线专网等通信方式上传的配电终端。

配电终端分类如图 1-16 所示。

2. 配电自动化系统主站

配电自动化系统主站（master station of distribution automation system）主要实现配电网数据采集与监控等基本功能和分析应用等扩展功能，为调度运行、生产运维及故障抢修指挥服务。配电自动化系统主站功能及组成结构如图 1-17 所示。

目前在用的配电自动化主站系统模型如图 1-18 所示，左侧为生产控制大区，即Ⅰ区，右侧为信息管理大区，即Ⅳ区。

截至 2021 年，国网浙江电力配电自动化主站包括配电自动化Ⅰ区主站和配电自动化Ⅳ区主站，配电云主站和配电自动化Ⅳ区主站融合建设、一体部署。配电自动化Ⅰ区主站实现对电缆线路"三遥"配电终端数据采集与处理、实时调度监视与控制，故障处理、全停全转等功能；配电自动化Ⅳ区主站系统（含配电云主站）依托中台的其他源端系统（营销、用电信息采集、调度、供电服务等）的数据整合能力，完成统一模型下的业务数据处理与分析，为配电网运维、抢修、优质服务提供有力支撑。配电自动化Ⅰ区主站通过接口方式，将配电终端的台账信息、运行数据、运行指标数据、从调度自动化系统获取的 10kV 馈线开关信息等数据转发给配电自动化Ⅳ区主站，同时从配电自动化Ⅳ区主站获取故障指示器、智能开关、配变设备的运行数据至配电自动化Ⅰ区主站，应用于扩展应用分析功能。

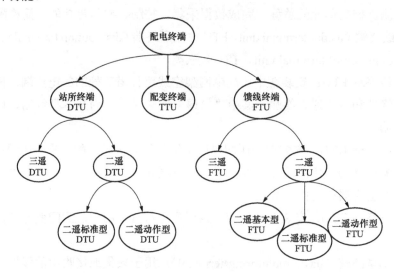

图 1-16　配电终端分类

国网浙江电力配电自动化主站关系如图 1-19 所示。

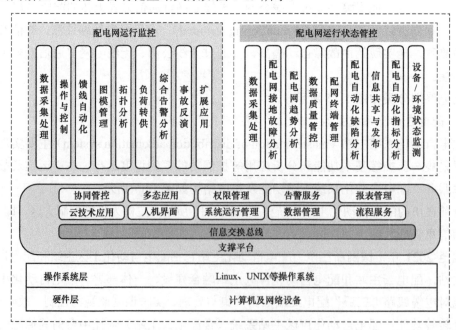

图 1-17　配电自动化系统主站功能及组成结构

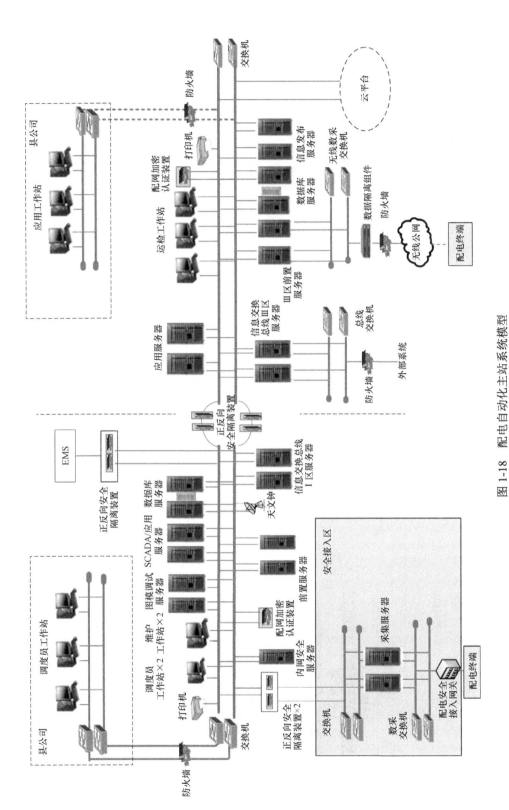

图 1-18　配电自动化主站系统模型

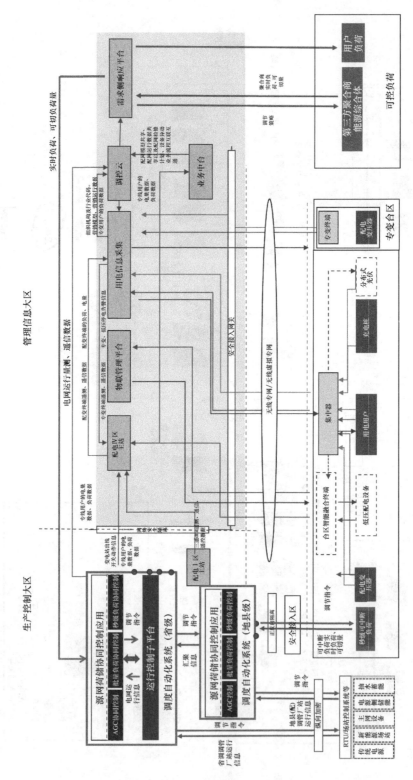

图 1-19 国网浙江电力配电自动化主站关系图

3. 配电自动化系统中的通信网络

配电自动化系统中的通信网络指配电网通信，即 10kV 通信接入网。覆盖变电站 10kV 出线至开关站（开闭所）、充电站、环网单元、柱上开关、电缆分支箱、10kV 变压器等。

一般来说，光纤通信方式配电终端接入生产控制大区，无线通信方式"二遥"配电终端以及其他配电采集装置接入管理信息大区。

国网浙江电力正逐步通过光纤通信、4G＋量子加密、5G（SA 模式）及北斗等通信模式，将具有遥控要求的配电终端接入配电自动化Ⅰ区主站，通过无线公网将无需遥控的配电终端接入配电自动化Ⅳ区主站。配电终端采集上送信息包括遥测数据（电压、电流、负荷、电量、环境）、遥信数据（开关量、信号量、状态量）、SOE、录波文件、拓扑文件、通信状态等。配电终端接受主站下发的信息包括遥控（开关分合、软压板投退）与遥调（定值参数修改）指令。

1.2 配电自动化终端

1.2.1 站所终端（DTU）

DTU 主要完成开关设备的当地监测、控制及故障检测功能，同时可作为通信中继和区域控制中心使用。DTU 与配电自动化主站或子站系统配合，可实现多条线路的采集与控制，故障检测、故障定位、故障区域隔离及非故障区域恢复供电，有效提高供电可靠性。

1.2.1.1 DTU 屏柜

DTU 屏柜类型主要分为遮蔽立式和组屏式两种，图 1-20 为某终端厂家 PDZ920 型遮蔽立式 DTU，下文以该 DTU 为例进行说明。DTU 主要功能区划分为通信设备区、核心单元区、操作面板区、接线端子区、航空插头区、附属设备及选配设备，主要功能区说明见表 1-1。

（a）　　　　　　　　　　（b）

图 1-20　PDZ920 型遮蔽立式 DTU

（a）DTU 屏柜整体外观；（b）DTU 内部端子和航插接口

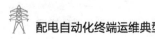

表 1-1 主要功能区说明

编号	定义	说明
1	通信设备区	用于通信设备 ONU、光配等设备的安装
2	核心单元区	主要包括核心板、电源板、模拟采样板、BIO 板、BO 板
3	操作面板区	包括电源控制区、就地操作按钮、状态指示区、遥控压板、就地远方切换开关
4	接线端子区	包括电源端子排、遥测端子排、遥信端子排、通信端子排
5	航空插头区	包括电流输入接口（ID）、电压输入接口和控制、信号接口（CD）航插

1. 核心单元区

核心主控单元区主要包括模拟采样板、CPU 板、BIO 板、BO 板及电源板，编号定义如表 1-2 所示，实物如图 1-21 所示。

表 1-2 核心主控单元列表

编号	定义
1	模拟采样板
2	CPU 板
3	BIO 板
4	BO 板
5	电源板

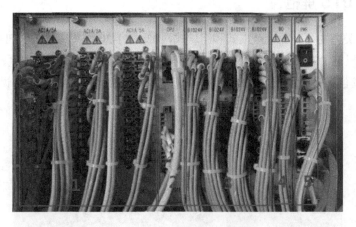

图 1-21 核心主控单元实物图

模拟采样板根据采集内容的不同分为三种：RP3405A 采集两路母线电压，第一路间隔的电流及装置的蓄电池直流电压；RP3404A 采集第二路至第六路间隔的电流；RP3404D 采集第七和第八路间隔的电流。

（1）模拟采样板（RP3405A）。

RP3405A型模拟采样板实物及功能说明如图1-22所示，其交流插件接线方式如下：

1）按三相相电压连接，即U1、U2、U3分别接Ua、Ub、Uc，U1′、U2′、U3′接Un；

2）按两相线电压连接，即U1、U3接Ua、Uc；U1′、U3′接Ub；U2、U2′不接线。

第二路母线电压（U4、U5、U6，U4′、U5′、U6′）接线方式同第一路母线。

端子号	说明	端子号	说明
01	第一路线电压A相输入端	02	第一路线电压B相输入端
03	第一路线电压C相输入端	04	第一路线电压B相输入端
05	第一路零序电压U0输入端	06	第一路零序电压U0N输入端
07	第二路线电压A相输入端	08	第二路线电压B相输入端
09	第二路线电压C相输入端	10	第二路线电压B相输入端
11	第二路零序电压U0输入端	12	第二路零序电压U0N输入端
13	第一路A相保测一体电流极性端	14	第一路A相保测一体电流非极性端
15	第一路B相/零序保测一体电流极性端	16	第一路B相/零序保测一体电流非极性端
17	第一路C相保测一体电流极性端	18	第一路C相保测一体电流非极性端
19	空端子	20	空端子
21	DC1蓄电池直流电压正极输入端	22	DC1′蓄电池电压负极输入端
23	DC2备用直流电压正极输入端	24	DC2备用直流电压负极输入端

图1-22 模拟采样板（RP3405A）实物及功能说明

（2）模拟采样板（RP3404A）。

RP3404A型模拟采样板实物及功能说明如图1-23所示，其交流插件接线方式如下：

1）每一路间隔电流按A相、B相、C相三相电流连接，即I1、I2、I3分别接Ia、Ib、Ic，I1′、I2′、I3′接In；

2）按A相、零序、C相三相电流连接，即I1、I3分别接Ia、Ic，I1′、I3′接In；I2接I0，I2′接I0′。

（3）模拟采样板（RP3404D）。

RP3404D型模拟采样板实物及功能说明如图1-24所示，其交流插件接线方式如下：

1）每一路间隔电流按A相、B相、C相三相电流连接，即I1、I2、I3分别接Ia、Ib、Ic，I1′、I2′、I3′接In；

2）按A相、零序、C相三相电流连接，即I1、I3分别接Ia、Ic，I1′、I3′接In；I2接I0，I2′接I0′。

配电自动化终端运维典型案例

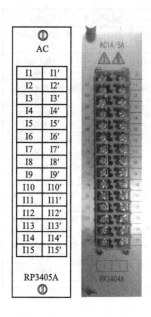

端子号	说明	端子号	说明
01	第二路A相保测一体电流极性端	02	第二路A相保测一体电流非极性端
03	第二路B相/零序保测一体电流极性端	04	第二路B相/零序保测一体电流非极性端
05	第二路C相保测一体电流极性端	06	第二路C相保测一体电流非极性端
07	第三路A相保测一体电流极性端	08	第三路A相保测一体电流极非极性端
09	第三路B相/零序保测一体电流极性端	10	第三路B相/零序保测一体电流非极性端
11	第三路C相保测一体电流极性端	12	第三路C相保测一体电流非极性端
13	第四路A相保测一体电流极性端	14	第四路A相保测一体电流极非极性端
15	第四路B相/零序保测一体电流极性端	16	第四路B相/零序保测一体电流非极性端
17	第四路C相保测一体电流极性端	18	第四路C相保测一体电流非极性端
19	第五路A相保测一体电流极性端	20	第五路A相保测一体电流极非极性端
21	第五路B相/零序保测一体电流极性端	22	第五路B相/零序保测一体电流非极性端
23	第五路C相保测一体电流极性端	24	第五路C相保测一体电流非极性端
25	第六路A相保测一体电流极性端	26	第六路A相保测一体电流极非极性端
27	第六路B相/零序保测一体电流极性端	28	第六路B相/零序保测一体电流非极性端
29	第六路C相保测一体电流极性端	30	第六路C相保测一体电流非极性端

图 1-23　模拟采样板（RP3404A）实物及功能说明

（4）核心板（RP3001E2）：核心板是 DTU 测控单元的核心部件，具备处理指令、执行操作、控制时间、处理数据的作用。

该插件由双核 CPU（OMAPL138：DSP＋ARM）组成，ARM 实现装置的通用元件和人机界面及后台通信功能，DSP 完成所有的测控算法和逻辑功能。装置采样率为每周期 32 点，在每个采样点对所有测控算法和逻辑进行并行实时计算，使得装置具有很高的精度和固有可靠性及安全性。核心板（RP3001E2）实物及功能说明如图 1-25 所示。

（5）BIO 板（RP3304D）：该板件主要用于遥信采集和遥控输出，实物及功能说明如图 1-26 所示。

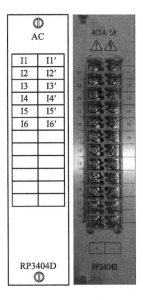

端子号	说明	端子号	说明
01	第七路A相保测一体电流极性端	02	第七路A相保测一体电流极非极性端
03	第七路B相/零序保测一体电流极性端	04	第七路B相/零序保测一体电流非极性端
05	第七路C相保测一体电流极性端	06	第七路C相保测一体电流非极性端
07	第八路A相保测一体电流极性端	08	第八路A相保测一体电流极非极性端
09	第八路B相/零序保测一体电流极性端	10	第八路B相/零序保测一体电流非极性端
11	第八路C相保测一体电流极性端	12	第八路C相保测一体电流非极性端

图 1-24 模拟采样板（RP3404D）实物及功能说明

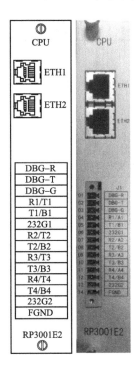

端子号	端子定义
ETH1网口	通信口
ETH2网口	调试口
1	调试口232R
2	调试口232T
3	调试口232G
4	第1路232R/第1路485+
5	第1路232T/第1路485−
6	第1路232G
7	第2路232R/第2路485+
8	第2路232T/第2路485−
9	第3路232R/第3路485+
10	第3路232T/第3路485−
11	第4路232R/第4路485+
12	第4路232T/第4路485−
13	第2、3、4路共用232G
14	接地

图 1-25 核心板（RP3001E2）实物及功能说明

（6）BO 板（RP3311A）：该板件主要用于 DTU 装置的遥控预置启动和遥控预置复归，实物及功能说明如图 1-27 所示。

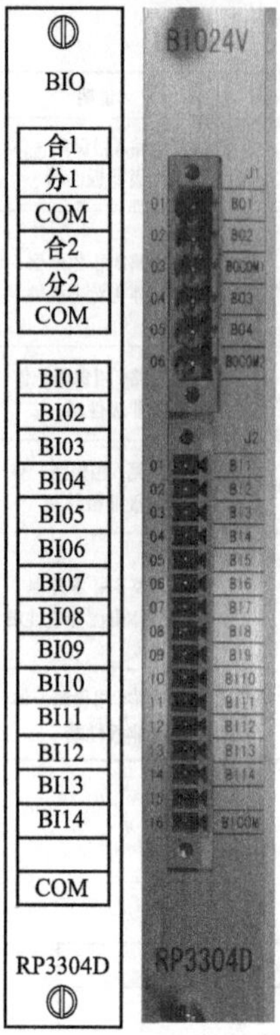

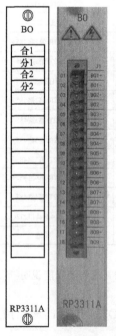

端子号	说明	端子号	说明
01	01遥控1合	01	线路1合位
02	02遥控1分	02	线路1分位
03	03遥控公共端1	03	线路1远方
04	04遥控2合	04	线路1自定义
05	05遥控2分	05	线路1自定义
06	06遥控公共端2	06	线路2合位
		07	线路2分位
		08	线路2远方
		09	线路2自定义
		10	线路2自定义
		11	线路3合位
		12	线路3分位
		13	线路3远方
		14	线路3自定义
		15	
		16	22遥信公共端

图 1-26 BIO 板（RP3304D）实物及功能说明

端子号	说明
01	预制公共端
02	预制启动
03	预制公共端
04	预制复归

图 1-27 BO 板（RP3311A）实物及功能说明

（7）电源板（RP3704A1）：该板件主要用于核心装置的供电以及电池活化的启动/结束，实物及功能说明如图 1-28 所示。

16		
PWR		
开关		
GND	01	接地
	02	
L	03	1ZD1
N	04	1ZD7,1n622
	05	
12+	06	
12-	07	
H1	08	4n-11
T1	09	4n-12
COM	10	4n-16
接地		
RP3704A1		

端子号	端子定义
01	FGND：地线
02	
03	L：直流电源正极（或交流电源的相线）
04	N：直流电源负极（或交流电源的零线）
05	
06	OUT24+：输出24V直流电源正极
07	OUT24-：输出24V直流电源负极
08	BO1：蓄电池活化启动出口继电器
09	BO2：蓄电池活化结束出口继电器
10	COM：公共端

图 1-28　电源板（RP3704A1）实物及功能说明

2. 操作面板区

（1）电源控制区。DTU 的电源控制区主要包含交流电源空气开关、后备电源空气开关、装置电源空气开关、通信电源空气开关、操作电源空气开关，部分 DTU 还包含选配设备的空气开关。电源控制区实物及功能说明如图 1-29 所示。

（2）就地操作区。就地操作区每间隔包含合闸按钮＋合位指示灯、分闸按钮＋分位指示灯及遥控出口硬压板，可实现 DTU 就地分合闸操作。就地操作区实物及功能说明如图 1-30 所示。

3. 接线端子区

二次端子排采用凤凰端子，连接导线和端子采用铜质零件；遥信输入回路采用光电隔离，并具有软硬件滤波措施，电流输入回路采用防开路端子或者防开路插件。

编号	空气开关定义
01	电源插座
02	输入电源 I
03	输入电源 II
04	蓄电池
05	装置电源
06	操作电源
07	通信电源
08	保护电源
09	线损电源
10	除湿器电源

图 1-29　电源控制区实物及功能说明

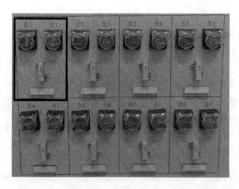

线路1		
编号	定义	说明
01	合闸按钮+ 合位指示灯	用于第一路就地 合闸
02	分闸按钮+ 分位指示灯	用于第一路就地 分闸
03	遥控出口硬 压板	用于第一路远方 /就地合闸。压板 退出时，远方/就 地均无法遥控
左上角方框内为第一路间隔就地操作区		

图 1-30　就地操作区实物及功能说明

　　接线端子排区主要包括电压转接、电流转接、通信、交流电源输入及输出、遥信电源转接、操作电源输出、通信电源输出、保护电源输出、预留遥信遥控端子排，实物及功能说明如图 1-31 所示。

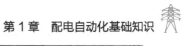

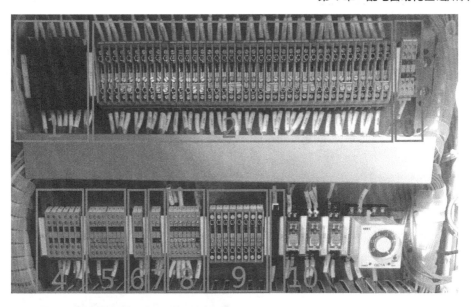

编号	端子定义	说明
01	UD	用于电压采样
02	ID	用于电流采样
03	TD	用于预留对下外挂设备通信接口
04	JD	用于装置供电
05	2ZD	提供一次设备电操机构操作电源
06	3ZD	用于提供通信设备供电电源
07	BD	用于提供保护装置供电电源
08	1GD	用于装置遥信采集
09	1XD	预留给线损模块转接端子
10	KGD	用于DTU开门遥信采集

图 1-31　接线端子排区实物及功能说明

4. 航空插头区

DTU 设备航空插头包括 4 芯矩形航插用于采样电压（见图 1-32 上排左 1），6 芯自短路矩形航插用于采样电流（见图 1-32 上排左二），10 芯矩形航插用于遥控和遥信（见图 1-32 上排左 3）。各插头的接口引脚定义及接线要求见表 1-3～表 1-5。

图 1-32　航空插头实物

表 1-3　　　　　　　　　　　　电压输入接口引脚定义及接线要求

电压 1 输入接口（1UD）引脚定义及接线要求

引脚号	标记	标记说明	电缆规格	备注	图示
1	U_{ab1}	第一路测量电压 A 相	RVVP1.5mm²		
2	备用	备用	备用	备用	
3	U_{cb1}	第一路测量电压 C 相	RVVP1.5mm²		
4	U_{bn1}	第一路测量电压 B 相公共端	RVVP1.5mm²		

表 1-4　　　　　　　　　　　　电流输入接口（ID）引脚定义及接线要求

线路 1（1ID）

引脚号	标记	标记说明	电缆规格	备注	图示
1	Ia	A 相电流	RVVP2.5mm²		
2	Na	A 电流公共端	RVVP2.5mm²		
3	Ib/I0	B 相或零序电流	RVVP2.5mm²		
4	Nb/N0	B 相或零序电流公共端	RVVP2.5mm²		
5	Ic	C 相电流	RVVP2.5mm²		
6	Nc	C 相电流公共端	RVVP2.5mm²		

线路 2、线路 3…

表 1-5　　　　　　　　　**10 芯遥信/遥控接口（YX/YK）引脚定义及接线要求**

（开关电动操动机构采用直流工作电源）

线路 1（YX1/YK1）

引脚号	标记	标记说明	电缆规格	备注	图示
1	HZ＋	合闸输出＋	RVVP1.5mm^2		
2	HZ－	合闸输出－	RVVP1.5mm^2		
3	FZ＋	分闸输出＋	RVVP1.5mm^2		
4	FZ－	分闸输出－	RVVP1.5mm^2		
5	HW	合位	RVVP1.5mm^2		
6	FW	分位	RVVP1.5mm^2		
7	YF	远方/就地	RVVP1.5mm^2		
8	自定义	自定义	RVVP1.5mm^2		
9	自定义	自定义	RVVP1.5mm^2		
10	YXCOM	遥信公共端	RVVP1.5mm^2		

线路 2、线路 3…

5．附属设备

（1）电源模块：具备交直流转换功能，支持两组 220V 交流输入，一组 48V 及两组 24V 直流输出，具备蓄电池运行监测及管理功能。电源模块如图 1-33 所示。

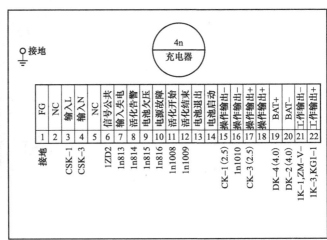

图 1-33　电源模块实物及功能说明

（2）后备电池：由 4 节 12V17AH 的免维护阀控铅酸蓄电池串联组成，如图 1-34 所示。

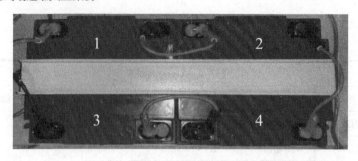

图 1-34　DTU 电池实物图

6. 选配设备

（1）除湿装置和加热装置：柜体配置安装条用以固定除湿装置和加热装置，主要用于柜内除湿和加热，如图 1-35 所示。

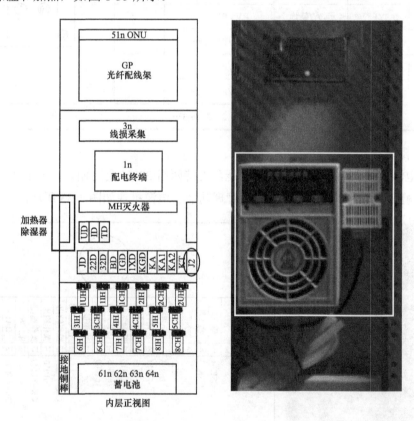

图 1-35　除湿装置和加热装置实物及安装位置

（2）照明装置：可安装于柜内边侧或柜内上方，图 1-36 所示为柜内边侧安装。

7. 组屏式 DTU 和遮蔽立式 DTU 的区别

组屏式 DTU 和遮蔽立式 DTU 的区别见表 1-6。

组屏式 DTU 最大支持 16 条线路接入，采用前后开门方式，蓄电池容量不小于 24AH，主要用于箱变、开闭所和配电站等空间比较充裕的场地。遮蔽立式 DTU 最大支持 8 条线路接入，采用前侧开门方式，蓄电池容量不小于 17AH，相比于组屏式 DTU，遮蔽立式 DTU 尺寸较小，比较适合户外箱式环网等室内空间较小的站点。

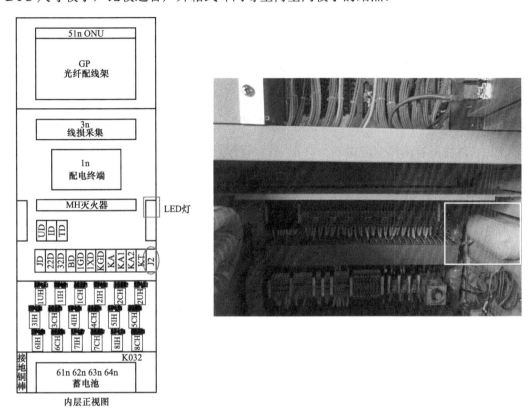

图 1-36 照明装置实物及安装位置

表 1-6 组屏式 DTU 和遮蔽立式 DTU 区别

项目	遮蔽立式 DTU	组屏式 DTU
间隔数	8	16
屏柜尺寸（mm）	600×400×1700	800×600×2260
电池容量	17Ah	24Ah
4 芯航插数量	2	2
6 芯航插数量	8	16
10 芯航插数量	8	16

1.2.1.2 DTU 与站内设备电气连接关系

图 1-37 所示为 DTU 与站内设备的电气连接关系示意图。设某站有两段 10kV 母线，图中只画了其中一段母线上的一路进线开关与 DTU 的连接关系。

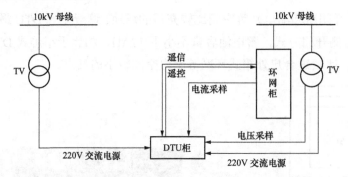

图 1-37　DTU 与站内设备的电气连接关系示意图

　　图中 DTU 柜有两路交流电源，分别来自两段母线 TV 柜。DTU 的电压采样来自其中一台电压互感器。DTU 电流采样来自环网柜的电流互感器。同时，DTU 采集环网柜的遥信信号，也可以控制柜内的开关分合操作。

1.2.1.3　DTU 电源回路

　　（1）PDZ920 型 DTU 交流输入回路：如图 1-38 所示，两路交流 220V 电源由开关站两段母线 TV 柜接入，分别接至 DTU 柜 1JD 和 2JD 接线端子处，并引至 AK1 与 AK2 两个空气开关上端，空气开关下端分别接至 J2 双路电源切换装置，同时给电源模块 4n、插座 CZ 和除湿机 CS 供电。

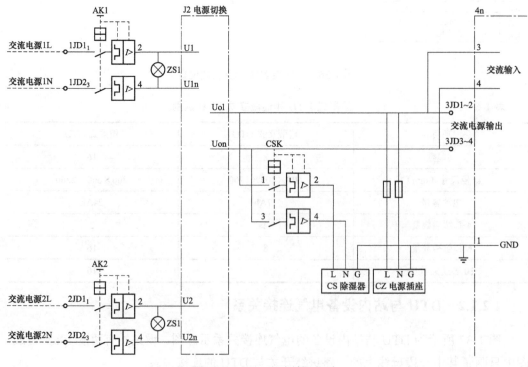

图 1-38　DTU 交流输入回路

（2）PDZ920 型 DTU 直流 24V 输出回路：如图 1-39 所示，电源模块输出一路直流 24V，引出线主要接至装置照明电源 ZM 和装置电源 1K 空气开关（与通信电源 5K 空气开关并联）上端，从 1K 下端接至直流电源端子排 1ZD，直流电源端子排 1ZD 出线主要接至 DTU 本体以及各间隔遥信公共端。

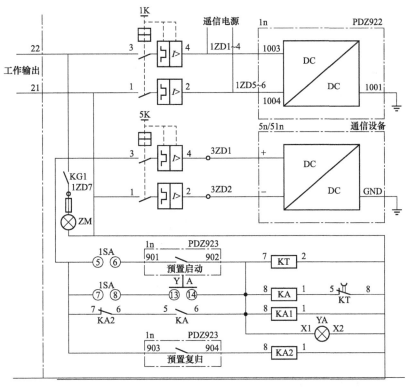

图 1-39　DTU 直流 24V 输出回路原理图

（3）PDZ920 型 DTU 直流 48V 输出回路：如图 1-40 所示，电源模块输出两路直流 48V，主要接至 CK 空气开关上端，下端接至 2ZD 接线端子处，主要给开关柜内电动操动机构供电。

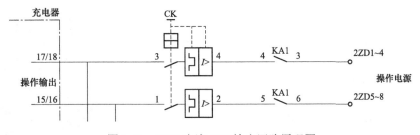

图 1-40　DTU 直流 48V 输出回路原理图

（4）PDZ920 型 DTU 后备电源回路：如图 1-41 所示，后备电源通过蓄电池进行供电，蓄电池电池线接至 DK 空气开关上端，下端接至电源模块的 BAT＋和 BAT－。

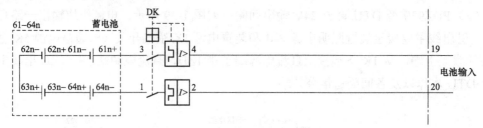

图 1-41　DTU 后备电源回路原理图

（5）PDZ920 型 DTU 电源告警信号及活化遥控回路：如图 1-42 和图 1-43 所示，电源模块告警信号接至遥信板，电源模块活化启动、退出遥控信号均接至 CPU 板。

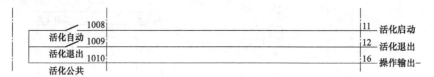

图 1-42　电源模块活化回路原理图

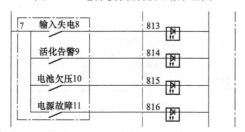

图 1-43　电源模块告警信号原理图

1.2.1.4　DTU 遥测回路

（1）电压回路：如图 1-44 所示，TV 二次侧 A、B、C 三相及零序电压分别接至 UD 接线端子处，再从 UD 接至 DTU 遥测板。

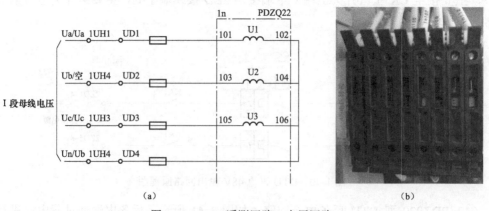

（a）　　　　　　　　　　（b）

图 1-44　DTU 遥测回路—电压回路

（a）电压回路端子图；（b）电压回路实物图

（2）电流回路：如图 1-45 所示，TA 二次侧 A、B、C 三相及 N 相分别接至 ID 接线端子处，再由 ID 接至 DTU 遥测板。

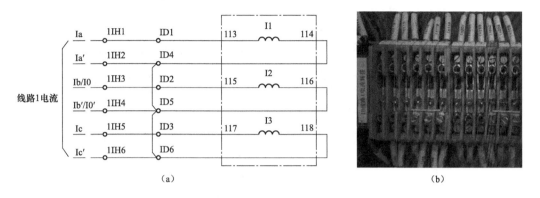

（a）

（b）

图 1-45　DTU 遥测回路—电流回路

（a）电流回路端子图；（b）电流回路实物图

1.2.1.5　DTU 遥信回路

（1）间隔遥信回路：如图 1-46、图 1-47 所示，DTU 接入一次开关柜每间隔各 5 个遥信，分别为合位、分位、远方/就地、自定义、自定义遥信，其中 2 个自定义遥信可根据现场实际接线进行定义。此外，DTU 提供 5 个备用遥信，引线至 YD 端子排。备用遥信定义如图 1-48 所示。

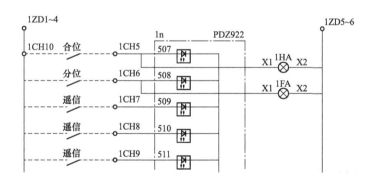

图 1-46　遥信回路原理图

（2）公共遥信回路：如图 1-49 所示，DTU 共提供 10 个公共遥信，除间隔遥信外，DTU 还会采集电源切换装置 J2 的电源切换信号、行程开关 KG 信号、电源模块 4n 的输入失电、活化告警、电池欠压、电源故障信号、DTU 柜远方就地信号、遥控预置、复归信号灯公共信号。

1CH 线路1控制、信号		
外侧	内侧	
	1	1n501	YK–HZ
	2	1LP–1	YKCOM
	3	1n502	YK–FZ
	4	1LP–1	YKCOM
	5	1n507	YX1–合位
	6	1n508	YX2–分位
	7	1n509	YX3–远方/就地
	8	1n510	YX4–自定义
	9	1n511	YX5–自定义
	10	1ZD1	YXCOM

图 1-47　第一路遥信定义图

YD 预留遥信遥控		
下侧		上侧
YX	1n719	1	
YX	1n720	2	
YX	1n807	3	
YX	1n808	4	
YX	1n809	5	
YK1+	1n905	6	
YK1–	1n906	7	
YK2+	1n907	8	
YK2–	1n908	9	

图 1-48　备用遥信定义图

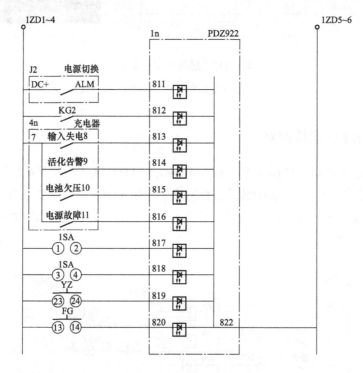

图 1-49　公共遥信回路原理图

1.2.1.6　DTU 遥控回路

DTU 遥控回路分为就地遥控和远方遥控两种，实现遥控的前提条件为：48V 操作电已供至一次开关设备。

1. 操作电源预置回路

控制输出回路中除提供分/合闸接点外，还应提供独立的预置接点用于无操作状态时闭锁操作电源输出（预置阶段预置接点闭合，操作电源输出一定时间后断电，时间 30～120s 可设，默认 60s；DTU 远方、就地、闭锁状态发生变化时，预控回路复位，操作电源断电，预控重新计时；在 DTU 任何开关有变位信号时，预控回路延时复位，时间 0～60s 可设，默认 30s，操作电源断电，预控重新计时）。对于就地分/合闸操作，采用时间继电器实现预置接点功能。对于远方遥控分/合闸操作，采用 DTU 装置 BO 板上的独立开出接点实现预置接点功能，交流回路和直流回路继电器应相互独立。操作预置回路原理如图 1-50 所示。预置回路操作过程如下：

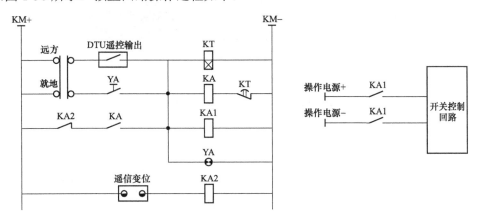

图 1-50 操作预置回路原理图

（1）远方遥控预置：DTU 把手切换至远方状态，DTU 收到遥控指令后，遥控输出接点闭合，闭合后 KT、KA、KA1 三个继电器线圈得电。其中，KA 线圈得电后 KA 动合接点闭合，通过 KA2 和 KA 触点的回路导通完成遥控操作的自保持回路的导通，导通时 KA1 线圈得电后使其动合接点闭合，使开关控制回路操作电源接通，方可进行相关回路的遥控操作。遥控操作完成后，通过时间继电器 KT 的时间整定，到达整定时间后，时间继电器动断接点断开，KA 线圈失电，KA 接点由闭合恢复成常开状态，使得自保持回路断开，同时切断开关控制回路的操作电源。

（2）就地操作预置：DTU 把手切换至就地状态，DTU 按下预置按钮，预置接点 YA 闭合，闭合后 KT、KA、KA1 三个继电器线圈得电。其中，KA 线圈得电后 KA 动合接点闭合，通过 KA2 和 KA 接点的回路导通完成遥控操作的自保持回路的导通，导通时 KA1 线圈得电后使其动合接点闭合，使开关控制回路操作电源接通，再通过手动按下分/合闸按钮，完成相关回路的就地操作。就地操作完成后，通过时间继电器 KT 的时间整定，到达整定时间后，时间继电器动断接点断开，KA 线圈失电，KA 接点由闭合恢复成常开状态，使得自保持回路断开，同时切断开关控制回路的操作电源。

操作电源端子如图 1-51 所示。

2. 就地遥控回路

就地遥控回路原理如图 1-52 所示，1LP 压板调整至闭合状态，DTU 切至就地，SA：11 与 SA：12 之间接通，同时远方回路闭锁。先按预控按钮，操动机构得电，在时间继电器设置的时间内再按合闸按钮，1HA：13 与 1HA：14 之间接通，操动机构动作，开关合闸。

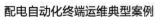

2ZD操作电源输出（DC48V）		
	下侧	上侧
操作电源+	KA1-3（2.5）	1
		2
		3
		4
操作电源-	KA1-6（2.5）	5
		6
		7
		8

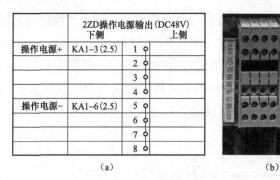

（a）　　　　　　　　　　　（b）

图 1-51　操作电端子图

（a）操作电端子接线图；（b）操作电端子实物图

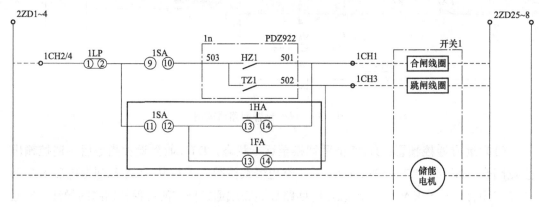

图 1-52　就地遥控回路原理图

3. 远方遥控回路

远方遥控回路原理如图 1-53 所示，1LP 压板调整至闭合状态，DTU 切至远方状态，SA：9 与 SA：10 之间接通，同时就地回路闭锁。主站先发送遥控预置命令，操动机构得电，在时间继电器设置的时间内再按发送合闸命令，HZ1 内部继电器吸合，操动机构动作，开关合闸。

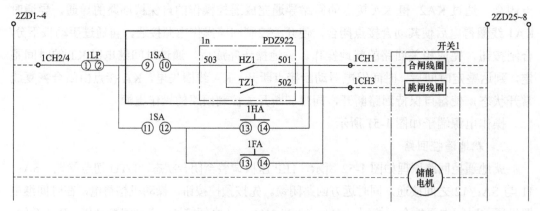

图 1-53　远方遥控回路原理图

1.2.2　故障指示器

故障指示器的全称是配电线路故障指示器（Distribution line fault indicator，简称故指），由采集单元和汇集单元组成，安装在配电线路上，用于监测线路负荷状况、检测线路故障。故障时可通过就地闪灯和翻牌指示故障。并具有数据远传功能。运维人员可以根据故障指示器的报警信号迅速定位故障，大大缩短故障查找时间，为快速排除故障和恢复供电提供有力保障。故障指示器属于"二遥"基本型 FTU。

故障指示器按照适用线路类型，可以分为架空型与电缆型两类；按照是否具备远程通信能力，分为远传型与就地型两类；根据对单相接地故障检测原理的不同，分为外施信号型、暂态特征型、暂态录波型和稳态特征型四类。

基于上述不同的分类维度，故障指示器总计分为 9 类，即架空外施信号型远传故障指示器、架空暂态特征型远传故障指示器、架空暂态录波型远传故障指示器、架空外施信号型就地故障指示器、架空暂态特征型就地故障指示器、电缆外施信号型远传故障指示器、电缆稳态特征型远传故障指示器、电缆外施信号型就地故障指示器、电缆稳态特征型就地故障指示器。下面以常见的架空远传型故障指示器为例进行介绍。

1.2.2.1　结构

故障指示器的采集单元又称为采集器，三个一组，分为 A、B、C 三相，安装在架空线路上，如图 1-54（a）所示。汇集单元又称为终端，安装在电杆上，如图 1-54（b）所示。

（a）　　　　　　　　　　　　　　　　　　（b）

图 1-54　故障指示器的采集器和终端

（a）采集器；（b）终端

采集器由告警灯及显示体、电缆压簧、开口导磁轴、后备电源、主程序模块、旋转体等构成。旋转体位于指示器最下方，当故障指示器发生故障告警时，采集器的旋转体会旋转，将红色显示体和告警灯露出，起到翻牌告警的效果。电缆压簧夹住架空线路的导线，起到固定采集器的作用。开口导磁轴在采集器最上方，起到采集遥测数据和取电的作用。采集器结构如图 1-55 所示。

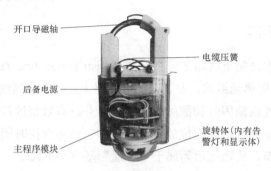

图 1-55　采集器结构

终端从外部可以看到太阳能板、固定架、电源开关、GPRS 天线、RF 天线、指示灯，终端内部还有电池、GPRS 通信模块、RF 通信模块、加密模块、主程序模块等。故障指示器终端与采集器通信的功能主要依靠终端内部 RF 模块实现，外部 RF 天线用于增强 RF 通信信号；终端依靠内部 GPRS 模块来实现与Ⅳ区主站的通信，外部 GPRS 天线用于增强通信信号；主要依靠太阳能和大容量充电电池相配合方式供电。终端外部结构如图 1-56 所示。

图 1-56　终端外部结构

1.2.2.2　功能

采集器挂在架空线路上，实时监测配电线路三相负荷电流、故障电流等数据，对数据进行加工处理、研判故障类型并就地进行故障告警（翻牌及闪光），通过无线通信与汇集单元连接；汇集单元具备与主站数据库的双向通信功能，将采集的数据、故障信息上传，主站可远程升级汇集单元程序和调整汇集、采集单元的参数。

主要功能如下：

（1）短路故障判断：采用标准的速断、过流两段式电流保护定值法。参数可在线调整，可防止涌流和反馈送电误动，并确保与开关出口动作一致。

（2）接地故障判断：采用多个判据的暂态特征进行综合研判。

（3）遥测：遥测线路的正常负荷电流和故障突变电流。

（4）远程参数设置：远程整定采集单元的动作参数和远程修改汇集单元参数。

1.2.3　智能开关

智能开关属于一二次融合成套设备，是配电一次设备与自动化终端采用成套化设计制造，柱上断路器全面集成配电终端、电流传感器、电压传感器、电能量双向采集模块等，采用标准化接口和一体化设计，配电终端具备可互换性，便于现场运维检修。

下面以常用的一款智能开关为例进行介绍。

1.2.3.1　结构

智能开关一般分为本体和终端两个部分。

1. 本体

智能开关本体如图 1-57 所示，它是由上进线臂、断路器固封极柱、下出线臂、隔离开关、隔离开关操作手柄（图中未示出）、分合闸手柄、储能手柄、重合闸投切装置、航空连接器（见图 1-59），以及一些状态指针等构成。智能开关本体内部还包含融合了真空灭弧室、电压传感器、电流传感器、取电 TV、弹簧机构和联动控制器等。

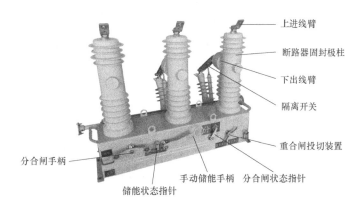

图 1-57　智能开关本体

上进线臂连接电源侧，下出线臂连接负荷侧，即隔离开关应位于负荷侧。

分合闸手柄与"就地/远程"联动控制。在现场维护时，下拉开关分闸手柄，可以转向"就地"位置，可切断电气合闸功能；断路器在"就地"状态时下拉合闸手柄，转向"远方"位置就可以解除就地联锁，让断路器正常运行或远程联调。

开关合闸需要在储能状态指针指向"已储能"位置方可进行合闸操作。开关分闸对储能没有要求。当智能开关终端和本体正常连接，并启动控制终端，就会对本体的储能装置进行自动储能。如果本体和终端未连接或终端未启动，就需要用手动储能手柄进行手动储能。上下拉动储能手柄，使储能状态指针转向"已储能"，说明储能到位。

分合闸状态指针用于指示开关一次设备的状态。

重合闸投切装置是重合闸硬压板。智能开关重合闸功能开启条件除了重合闸硬压板，还受到终端内部程序的软压板参数影响，需硬压板、软压板二者同时启用，重合闸功能才会正常启用，其中任意一项退出都会使重合闸功能退出。现场维护安装时，重合闸投切装置打到退出状态，就可以保证重合闸功能退出。

电压和电流遥测不使用电压互感器和电流互感器，采用的是传感器，所以在外观上看不到电压互感器和电流互感器。传感器使用一体化固封结构。

2. 终端

智能开关终端如图 1-58 所示，由太阳能板、GPRS 天线、状态指示灯、电源开关、航空插头、硬压板等构成。

终端硬压板开关有三档，从左到右分别是："硬压板投"，代表遥控投入&硬压板投入；"遥控退出"，代表遥控退出&硬压板投入；"硬压板退"，代表遥控退出&硬压板退出。通常状态下，硬压板会打到"遥控退出"状态，即可正常启用过流保护。如果不需要启用过流保护功能，可将硬压板打到"硬压板退"状态。

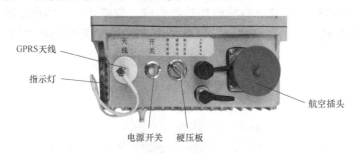

图 1-58　智能开关终端

终端和本体依靠航空连接器连接并通信，连接关系如图 1-59 所示。终端通过 GPRS 天线与主站通信。终端取电有两种方式：①太阳能板取电；②开关本体内有取电 TV，通过航空连接器把电能输送给终端。

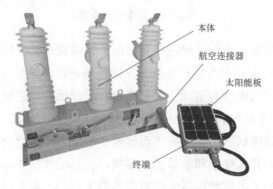

图 1-59　智能开关本体与终端连接关系图

1.2.3.2 功能

常见功能配置有以下 9 种。

（1）重合闸功能：分支线路及线路末端重合功能。

（2）定值管理：①远方重合闸投退；②远方定值设置；③保护定值自动切换功能。

（3）故障选择性保护：①短路故障选择性保护；②接地故障选择性保护。

（4）开关"三遥"：①查看遥测值；②查看遥信值；③进行开关分合（可选，软硬压板控制）。

（5）故障研判功能：①短路故障研判；②接地故障研判。

（6）故障及动作类型上报：①上报短路故障动作；②上报接地故障动作；③上报遥控分、合闸动作；④上报手动分、合闸动作。

（7）微机保护功能：①过流保护；②速断保护；③涌流保护；④过压保护；⑤接地保护。

（8）线损采集功能：含电能计量功能、实时量测量功能、计量数据冻结功能。

（9）馈线自动化功能：集中型馈线自动化或就地型馈线自动化。

1.3 配电自动化通信

1.3.1 概述

配电自动化通信网络总体结构如图 1-60 所示，其主要组成部分及其特点如下。

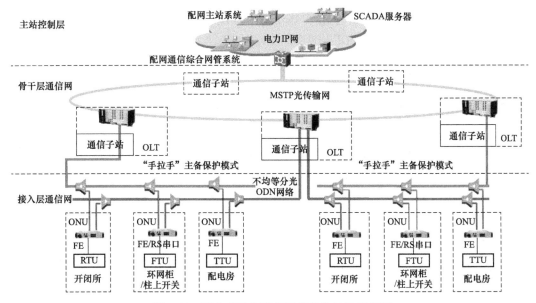

图 1-60 配电自动化通信网络总体结构示意图

（1）配网通信综合网管：基于 SNMP 协议，面向接入网，着重解决配网通信综合网管设备的集中配置、故障检测等问题。主要实现对配网通信系统中 OLT、ONU 设备的配置、性能、安全和故障等方面的管理、监控和维护。系统中设备的配置、状态、性能等数据来自 OLT 设备中 ARM 系统获取的 OLT、ONU 设备的相关数据，并能通过列表、图形、图像等方式进行展示、操作。

（2）MSTP 光传输网：基于 SDH 平台，同时实现 TDM、ATM、以太网等业务的接入、处理和传送。MSTP 充分利用 SDH 技术，特别是保护恢复能力和确保延时性能，加以改造后可以适应多业务应用，支持数据传输，简化电路配置，加快业务提供速度，改进网络的扩展性，降低运营维护成本。MSTP 技术是主要的传输承载网技术。

（3）OLT 通信子站（变电站侧）：配网接入网的核心部件，具有承上启下的作用。一般放置在变电站中，提供面向用户的无源光纤网络的光纤接口。主要实现的功能是：上联上层网络，完成 PON 网络的上行接入；通过 ODN 网络（由光纤和无源分光器组成）下连用户端设备 ONU，实现对用户端设备 ONU 的控制、管理和测距等功能。

（4）管道光缆网络：一般配电网地埋管道中会配置 PVC 管道两孔给弱电，每孔通常可容纳 3 根光缆，根据规划和设计及运行需要，逐渐形成管道光缆网络，为各应用节点提供高速光通路。

（5）ODN 无源分光器（配电终端侧）：无源分光器位于 OLT 和 ONU 之间，它的作用是将 OLT 出来的一路光信号转换成多路光信号，以便连接到多个 ONU 上。通常的转换标准有 1 分 2、1 分 4、1 分 8、1 分 16、1 分 32、1 分 64 等多种类型，在物理形式上分为外置和 ONU 内置两种形式。

（6）ONU 光网络单元（配电终端侧）：接入高速光网路的一种设备，自身带有管理和监测切换模块。在光路畅通时，可直接接入，并在相应的网管上显示在线；维修时，ONU 产品不能互换，必须与 OLT 相匹配。

1.3.2　骨干网通信

配电自动化骨干通信网是指变电站与自动化主站之间的通信网络，承载 OLT 上送数据。

（1）OLT 信号通过所在站点 MSTP/SDH 传输设备传输至主站，OLT 所在站点传输设备以太网板卡应具备百兆以太网透传功能，带宽需求为 2～100Mbit/s。

（2）各县/市公司对所辖各站点 OLT 信号汇聚后通过安全接入网关接入分布式前置服务器，再通过主干传输网接入市公司主站，市公司传输设备以太网板卡应具备百兆以太网汇聚功能，带宽需求为 50～100Mbit/s。

（3）市公司主站传输设备对主站所辖各站点 OLT 信号汇聚后通过安全接入网关直接接入主站。

（4）市公司远程工作站信号在市公司主站侧通过 MSTP/SDH 传输网传输至各县/市

公司。

（5）各县/市公司宜配置 2 台 MSTP/SDH 传输设备，用以传输 OLT 信号上连通道及远程工作站通道；各县/市公司不具备 2 台传输设备的，应至少独立配置 2 块百兆以太网板卡。

（6）市公司主站传输设备以太网板卡应具备千兆以太网汇聚功能；各县/市公司至主站的两路信号应在不同传输设备分别汇聚。

1.3.3　接入网通信

配电自动化通信接入网是指 OLT 下联口与 ONU 之间的通信网络，承载 ONU 上送数据。

（1）"三遥"DTU 信号有线传输采用无源光网络（xPON），通信网络采用手拉手保护方式。xPON 系统应对业务信息进行加密，将不同安全级别的业务进行逻辑隔离。根据采用标准的不同，省内主要有 EPON 和 GPON 两种技术。

（2）光线路终端（OLT）一般布置在 35/110kV 变电站内，单独组屏，通过 MSTP/SDH 传输网接入主站。

（3）光网络单元（ONU）宜布置在 10kV 站所内，ONU、光纤配线箱（ODF）、分光器应与 DTU 统一组屏，空间大小应满足对应场景需要的最大数量的设备安装要求，高度尺寸一般不大于 4U（U 制）标准空间位置。

（4）ONU 采用−48V 或−24V 供电，由 DTU 提供电源。端口、通道宜采用冗余方式建设，支持双 PON 口、双 MAC 地址，至少满足 4 个 10M/100M 以太网电口、2 个 RS232/485 串行接口的接入要求。

（5）入网光纤路径原则上按照电力电缆路径铺设，宜敷设无金属管道光缆，进 10kV 站所应具备通信管孔。

（6）单电源接入的开关站，仅具备一条光缆管道，用同一光缆中的不同纤芯进行双向传输。双电源接入的开关站具备两条光缆管道，使用不同光缆的纤芯进行双向传输。

（7）OLT 所在站点宜在户外适当位置配置光缆交接箱，配网光缆通过交接箱汇总至通信机房。

1.3.3.1　EPON 光网络接入层通信链路原理图

图 1-61 为典型的 EPON 光网络接入层通信链路原理图，其中包括以下元件：

（1）OLT：光线路终端，用于连接光纤干线的终端设备，可以与前端交换机用网线连接，转化成光信号；实现对用户端设备 ONU 的控制和管理，是光电一体化的设备。

（2）分光器：又称光分路器，实现对光功率的分配，其优点是无源，且光通过分光器后，光信号没有丢失，只是光功率减弱。

（3）ODF：光纤配线箱（见图 1-61），用于光纤通信系统中局端主干光缆的成端和分配，可方便地实现光纤线路的连接、分配和调度。

（4）ONU：光网络单元（见图1-61），主要作用是将光网络信号即电信号转换成光信号在光纤上传输，其次是提供用户侧的接口。

（5）DTU：配电自动化终端设备。

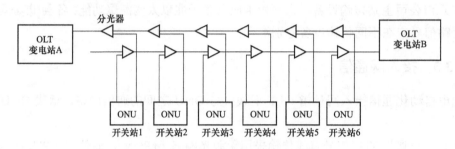

图1-61 "手拉手"链路原理图

光信号在链路中传输分为上行和下行。

下行：假设有光信号从变电站 A 的 OLT 发出，经分光器 1 后，分成两路；一路进入开关站 1 的 ONU，另一路继续下行，经分光器 2 后，光信号又被分成两路，一路进入开关站 2 的 ONU，另一路继续下行，依此类推，直至最后一个开关站 6 的 ONU 收到光信号。变电站 B 的光信号下行与变电站 A 一致。

上行：假设有光信号从开关站 6 的 ONU 发出，经分光器 6 上送至分光器 5，与开关站 5 的 ONU 发出的光信号汇合后，上送至分光器 4，依此类推，直至上送至变电站 A 的 OLT。

1.3.3.2　站内信号流通示意图

对于任何一个开关站，站内信号流通路径如图1-62所示。

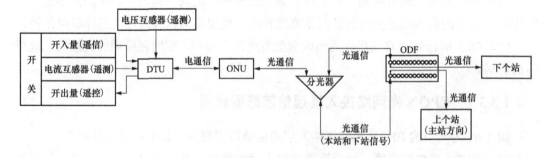

图1-62 站内信号流通示意图

1. "二遥"信号的上行过程

本站开关的遥信信号与电流互感器的遥测信号通过电缆送至 DTU，同时电压互感器也把遥测信号通过另一路电缆送到 DTU。DTU 把信号经过模数转换，通过网线送至

ONU，ONU 把电信号转变为光信号，送到分光器。

下一个站的信号通过光缆连接至本站的 ODF，经 ODF 面板端口通过尾纤连接至分光器。

本站和下一站的光信号送到分光器后，分光器把两根尾纤中的信号合并到一根尾纤中，送到 ODF 面板的端口上，由光缆送至上一个站（主站方向）。

2．遥控信号的下行过程

主站的遥控信号通过光缆送至本站的 ODF，由 ODF 面板端口通过尾纤连接至分光器。分光器把信号一分为二，一根尾纤连接至本站的 ONU，另一根尾纤连接至 ODF 面板端口，经光缆送往下一个站。

本站的 ONU 把光信号转换为电信号，通过网线送到 DTU，由 DTU 控制相应间隔开关进行分合操作。

1.3.3.3　光通信"手拉手"链路接线图

完整的光通信"手拉手"链路接线图如图 1-63 所示。

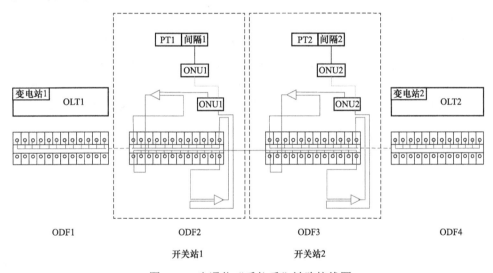

图 1-63　光通信"手拉手"链路接线图

以两个开关站为例，下行信号：变电站内的 OLT1 发出一定功率的光信号，由于变电站离开关站 1 和开关站 2 较远，因此通过光纤先连接至 ODF1 中，然后通过光缆连接至开关站 1 的 ODF2 中，再通过光纤将光信号传输至分光器。分光器按照 50%、50%或者 90%、10%的比例对光信号的功率进行两路分配。

一路通过光纤传输至 ONU1，ONU1 将这些光信号转换成电信号，再通过网线连接至 DTU1，DTU1 对相应的信号进行处理。另一路则继续接到 ODF2 中，然后通过光缆连接至下一个开关站 2 的 ODF3 中，再通过光纤将光信号传输至分光器。经分路后，一路连接至 ONU2 直至 DTU2，另一路则继续连接到 ODF3 中，然后通过光缆连接至下一个开关站。

上行信号：开关站 2 的开关间隔信号经控制电缆上送至 DTU2，通过网络将信号上送至 ONU2，ONU 将电信号转换成光信号，经分光器送至 ODF3，经光缆送至开关站 1 的 ODF2，再送至开关站 1 的分光器，并与开关站 1 的 ONU1 的光信号汇合后，送至 ODF1，再通过光缆送至上一个开关站，最终送至变电站 1 的 OLT1。

同理，另一条链路，变电站 2 的 OLT2 的传输原理与变电站 1 的相同。这样就构成了通信"手拉手"链路。

1.3.4　无线通信

无线通信按照网络性质分为无线公网和无线专网。相较于光纤通信，无线通信具有安装方便、成本低、抗自然灾害能力强等优点，是对光纤通信很好的补充。尤其对于城市郊区、农网中一些偏远的站点来说，敷设光纤成本较高，无线通信是一种很好的替代解决方案。

无线公网为运营商无线网络，技术标准完备，技术成熟，产业链成熟完整。无线公网通信技术有全球移动通信系统（GSM）与码分多址系统（CMDA）两种，目前配电自动化系统中应用的主要是 GSM 中的 GPRS。GPRS（General Packet Radio Service）是在现有 GSM 网络上开通的一种新型分组数据传输技术，能够满足可持续传送业务数据的需求，并且能够进行实时的交互数据传送。业务数据以数据包为单位，使用 GPRS 可以实现点对点以及点对多点的数据传输。GPRS 通信技术在传输速率、信号覆盖范围等方面有突出的优势，比较适合远程电能抄表、远程变压器监控、远程仪表监控等领域的通信要求。相对于其他通信方式，GPRS 的不足之处是传输延迟较大，有"掉线"现象，但能够满足大部分配电网自动化应用要求，是可以接受的。我国一些城市配电网自动化工程实际运行结果表明，GPRS 通信的在线率可以达 95%以上。

考虑到安全防护要求，一般采用 VPN 方式来提高无线公网传输的安全性，避免受到外网的攻击。即移动运营商在内部网络中为电力公司构建一个虚拟的专网，该专网拥有自己私有的网络名称，以区别公网的 CMNET 接入点。这样，不是该网络的 SIM 卡终端（即非注册用户）登录运营商网络后，无法穿过虚拟通道访问 VPN 专网。在电力公司设立一套无线公网通信的中心端，通过路由器、防火墙等设备，经 IP 专线连接到移动运营商的网络，通过移动运营商内部数据隧道，无线终端就可以与数据中心端建立网络通信，如图 1-64 所示。

电力无线专网相对光纤无线专网技术运用最多的是 230MHz 数传电台。无线专网具有建设便利快捷、覆盖范围广、组网灵活等优势，可以较好地满足点多、线长、面广、网络架构复杂、管理模式差异化的配用电网通信需求，实现对配电自动化、负荷控制、用电信息采集等多种业务的有效支撑。电力无线专网前期试点应用规模较小，对频段选择、频率带宽、技术体制选择、网络性能等缺乏完整性的验证和评估。未来随着接入网建设发展要求，要进一步扩大试点规模，对承载业务的吞吐量、时延、安全性、可靠性等技术指标等进行完整的验证和评估。

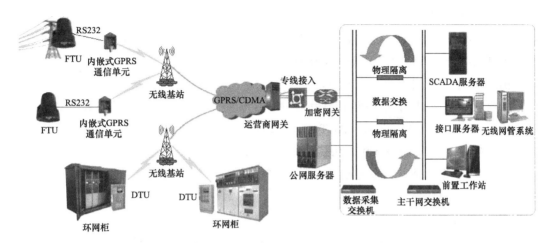

图 1-64　无线公网通信结构图

1.3.5　载波通信

电力载波是将模拟信号或数字信号经合适的调制方式调制到一定的频段，通过交流或直流输电线路传送信号的通信方式。载波通信主要服务于用电力线传输继电保护、SCADA 和语音通信所需信息。这种通信方式可以沿着电力线传输到电力系统的各个环节，不必考虑架设专用线路，并且可满足双向通信的要求。载波通信的缺点是数据传输速率较低，容易受干扰、非线性失真和信道间交叉调制的影响，可靠性较低。载波通信的结构如图 1-65 所示。

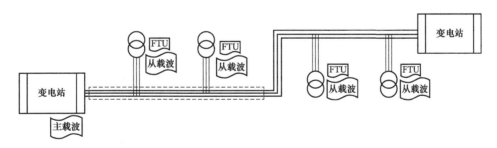

图 1-65　载波通信结构示意图

1.3.6　通信规约及报文解读

配电自动化主站与厂站之间的业务数据通信通常采用 DL/T 634-5-104 规约（以下简称 104 规约），它是一个利用网络进行传输的规约，传输层采用 TCP/IP 协议。

下面对 104 链路连接开始的典型报文进行说明。

1）程序启动后，首先发送链路连接请求帧：

68 04 07 00 00 00

起始字符：68H

应用规约数据单元长度（APDU）：04H（4 个字节，即 07 00 00 00）

控制域第一个八位组：07H→0000 0111

由前两位 11 可知是 U 格式帧；

由第三、四位 01 可知是链路连接请求帧（TESTFR：CON＝0，TESTFR：ACT＝0，STOPDT：CON＝0，STOPDT：ACT＝0，STARTDT：CON＝0，STARTDT：ACT＝1）

控制域后 3 个八位组：00H 00H 00H（无意义）

2）接到模拟从站发送来的连接请求确认帧：

68 04 0B 00 00 00

起始字符：68H

应用规约数据单元长度（APDU）：04H（4 个字节，即 0B 00 00 00）

控制域第一个八位组：0BH→000 1011

由前两位 11 可知是 U 格式帧；

由第三、四位 10 可知是链路连接确认帧（TESTFR：CON＝0，TESTFR：ACT＝0，STOPDT：CON＝0，STOPDT：ACT＝0，STARTDT：CON＝1，STARTDT：ACT＝0）

控制域后 3 个八位组：00H 00H 00H（无意义）

3）主站发送总召唤激活请求命令：

68 0E 00 00 00 00 64 01 06 00 01 00 00 00 00 14

起始字符：68H

应用规约数据单元长度（APDU）：0EH（14 个字节，即 00 00 00 00 64 01 06 00 01 00 00 00 00 14）

控制域第一个八位组：00H→0000 0000

由第一位 0 可知是 I 格式帧；

控制域第二个八位组：00H→与第一个八位组的第 2-8 位组成

0000 0000（高位）0000 000（低位）

所以，发送序号 N（S）＝0（注：I 格式帧计数）

控制域第三、四个八位组：00H 00H→0000 0000（第四个八位组，高位）0000 000（第三个八位组的第 2-8 位，低位）

所以，接收序号 N（R）＝0（注：I 格式帧计数）

类型标识：64H（CON＜100＞＝总召唤命令）

可变结构限定词：01H（SQ＝0，number＝1）

传送原因：06H 00H（Cause＝6，激活）注：用两个八位组表示传送原因，且低位在前、高位在后，即 Cause＝0006H，本文中的所有报文顺序都是由高至低。

APDU 地址：01H 00H（ADDR＝1，即 0001H，低位在前，高位在后）

信息体地址：00H 00H 00H（低位在前，高位在后）

信息体元素：14H（召唤限定词 QOI＝20，站召唤全局）

4）从站发送总召唤激活确认命令：

68 0E 00 00 02 00 64 01 07 00 01 00 00 00 00 14

起始字符：68H

应用规约数据单元长度（APDU）：0EH（14 个字节，即 00 00 00 00 64 01 06 00 01 00 00 00 00 14）

控制域第一个八位组：00H→0000 0000

由第一位 0 可知是 I 格式帧；

控制域第二个八位组：00H→与第一个八位组的第 2-8 位组成

0000 0000（高位）0000 000（低位）

所以，发送序号 N（S）＝0（注：I 格式帧计数）

控制域第三四八位组：02H 00H→0000 0000（第四个八位组，高位）0000 001（第三个八位组的第 2-8 位，低位）

所以，接收序号 N（R）＝1（注：I 格式帧计数）

类型标识：64H（CON＜100＞：＝总召唤命令）

可变结构限定词：01H（SQ＝0，number＝1）

传送原因：07H 00H（Cause＝7，激活确认）

APDU 地址：01H 00H（ADDR＝1，即 0001H，低位在前，高位在后）

信息体地址：00H 00H 00H（低位在前，高位在后）

信息体元素：14H（召唤限定词 QOI＝20，站召唤全局）

5）从站发送单点遥信数据帧（这里 SQ＝0，总召唤一般回复全遥信数据）：

68 1E 02 00 02 00 01 05 14 00 01 00 0A 00 00 00 0C 00 00 00 0E 00 00 00 10 00 00 00 64 00 00 01

控制域第一个八位组：02H→0000 0010

由第一位 0 可知是 I 格式帧

控制域第二个八位组：00H→与第一个八位组的第 2-8 位组成

0000 0000（高位）0000 001（低位）

所以，发送序号 N（S）＝1（注：I 格式帧计数）

控制域第三、四个八位组：02H 00H→0000 0000（第四个八位组，高位）0000 001（第三个八位组的第 2-8 位，低位）

所以，接收序号 N（R）＝1（注：I 格式帧计数）

类型标识：01H（CON＜1＞：＝单点信息）

可变结构限定词：05H（SQ＝0，number＝5，由此可知有 5 个不连续的单点信息）

传送原因：14H 00H（Cause＝20，响应站召唤）

APDU 地址：01H 00H

第一个信息体地址：0AH 00H 00H

第一个信息体数据：00H

第二个信息体地址：0CH 00H 00H

第二个信息体数据：00H

……

第五个信息体地址：64H 00H 00H

第五个信息体数据：01H

6）从站发送遥测归一化值数据帧（总召唤一般回复全遥测数据）：

68 22 04 00 02 00 09 04 14 00 01 00 01 07 00 C8 00 00 03 07 00 C8 00 00 05 07 00 C8 00 00 07 07 00 C8 00 00

控制域第一个八位组：04H→0000 0100

由第一位 0 可知是 I 格式帧

控制域第二个八位组：00H→与第一个八位组的第 2-8 位组成

0000 0000（高位）0000 010（低位）

所以，发送序号 N（S）＝2（注：I 格式帧计数）

控制域第三、四个八位组：02H 00H→0000 0000（第四个八位组，高位）0000 001（第三个八位组的第 2-8 位，低位）

所以，接收序号 N（R）＝1（注：I 格式帧计数）

类型标识：09H（CON＜9＞：＝带品质描述的测量值，每个遥测值占 3 个字节）

可变结构限定词：04H（SQ＝0，number＝4，由此可知有 4 个不连续的单点信息，每个都有信息对象地址占 3 个字节）

传送原因：14H 00H（Cause＝20，响应站召唤）

APDU 地址：01H 00H

第一个信息体地址：01H 07H 00H

第一个信息体数据：C8H 00H 00H（前两个是值，后面一个是品质描述词）

第二个信息体地址：03H 07H 00H

第二个信息体数据：C8H 00H 00H

第三个信息体地址：05H 07H 00H

第三个信息体数据：C8H 00H 00H

第四个信息体地址：07H 07H 00H

第四个信息体数据：C8H 00H 00H

7）从站发送总召唤激活结束命令：

68 0E 06 00 02 00 64 01 0A 00 01 00 00 00 00 00 14

控制域第一个八位组：06H→0000 0110

由第一位 0 可知是 I 格式帧；

控制域第二个八位组：00H→与第一个八位组的第 2-8 位组成

0000 0000（高位）0000 011（低位）

所以，发送序号 N（S）=3（注：I 格式帧计数）

控制域第三、四个八位组：02H 00H→0000 0000（第四个八位组，高位）0000 001（第三个八位组的第 2-8 位，低位）

所以，接收序号 N（R）=1（注：I 格式帧计数）

类型标识：64H（CON＜100＞：=总召唤命令）

可变结构限定词：01H（SQ=0，number=1）

传送原因：0AH 00H（Cause=10，激活终止）

APDU 地址：01H 00H（ADDR=1，即 0001H，低位在前，高位在后）

信息体地址：00H 00H 00H（低位在前，高位在后）

信息体元素：14H（召唤限定词 QOI=20，站召唤全局）

8）主站发送遥控预置请求帧：

68 0E 08 00 16 00 2E 01 06 00 01 00 66 0B 00 82（起始地址从 8001H 开始）

控制域第一个八位组：08H→0000 1000

由第一位 0 可知是 I 格式帧；

控制域第二个八位组：00H→与第一个八位组的第 2-8 位组成

0000 0000（高位）0000 100（低位）

所以，发送序号 N（S）=4（注：I 格式帧计数）

控制域第三、四个八位组：16H 00H→0000 0000（第四个八位组，高位）0001 011（第三个八位组的第 2-8 位，低位）

所以，接收序号 N（R）=11（注：I 格式帧计数）

类型标识：2EH（CON＜46＞：=双点遥控）

可变结构限定词：01H（SQ=0，number=1）

传送原因：06H 00H（Cause=6，激活）

APDU 地址：01H 00H（ADDR=1，即 0001H，低位在前，高位在后）

信息体地址：66H 0BH 00H（低位在前，高位在后）000B66H（起始地址从 8001H 开始）

信息体元素：82H（单命令 DCO=82H=1000 0010，DCS=10=2，合，（bit0~1），双命令状态；QOC（QU（bit2~6），S/E（bit7）），QU=000001=1；S/E=1，选择。）（品质描述词--双命令 DCO=82H--即"选择合"）

9）从站站发送遥控预置确认帧：

68 0E 16 00 0A 00 2E 01 07 00 01 00 66 0B 00 82

控制域第一个八位组：16H→0001 0110

由第一位 0 可知是 I 格式帧；

控制域第二个八位组：00H→与第一个八位组的第 2～8 位组成

0000 0000（高位）0001 011（低位）

所以，发送序号 N（S）＝11（注：I 格式帧计数）

控制域第三、四个八位组：0AH 00H→0000 0000（第四个八位组，高位）0000 101（第三个八位组的第 2-8 位，低位）

所以，接收序号 N（R）＝5（注：I 格式帧计数）

类型标识：2EH（CON＜46＞：＝双点遥控）

可变结构限定词：01H（SQ＝0，number＝1）

传送原因：07H 00H（Cause＝7，激活确认）

APDU 地址：01H 00H（ADDR＝1，即 0001H，低位在前，高位在后）

信息体地址：66H 0BH 00H（低位在前，高位在后）000B66H

信息体元素：82H（单命令 DCO＝82H＝1000 0010，DCS＝10＝2，合，（bit0～1），双命令状态；QOC（QU（bit2～6），S/E（bit7）），QU＝000001＝1；S/E＝1，选择。）

10）主站站发送遥控执行请求帧：

68 0E 0A 00 18 00 2E 01 06 00 01 00 66 0B 00 02

控制域第一个八位组：0AH→0000 1010

由第一位 0 可知是 I 格式帧；

控制域第二个八位组：00H→与第一个八位组的第 2-8 位组成

0000 0000（高位）0000 101（低位）

所以，发送序号 N（S）＝5（注：I 格式帧计数）

控制域第三、四个八位组：18H 00H→0000 0000（第四个八位组，高位）0001 100（第三个八位组的第 2～8 位，低位）

所以，接收序号 N（R）＝12（注：I 格式帧计数）

类型标识：2EH（CON＜46＞：＝双点遥控）

可变结构限定词：01H（SQ＝0，number＝1）

传送原因：06H 00H（Cause＝6，激活）

APDU 地址：01H 00H（ADDR＝1，即 0001H，低位在前，高位在后）

信息体地址：66H 0BH 00H（低位在前，高位在后）000B66H

信息体元素：02H（单命令 DCO＝02H＝0000 0010，DCS＝10＝2，合，（bit0～1），双命令状态；QOC（QU（bit2～6），S/E（bit7）），QU＝00000＝0；S/E＝0，执行。）

11）从站站发送遥控执行确认帧：

68 0E 18 00 0C 00 2E 01 07 00 01 00 66 0B 00 02

控制域第一个八位组：18H→0001 1000

由第一位 0 可知是 I 格式帧；

控制域第二个八位组：00H→与第一个八位组的第 2-8 位组成

0000 0000（高位）0001 100（低位）

所以，发送序号 N（S）=12（注：I 格式帧计数）

控制域第三、四个八位组：0CH 00H→0000 0000（第四个八位组，高位）0000 110（第三个八位组的第 2～8 位，低位）

所以，接收序号 N（R）=6（注：I 格式帧计数）

类型标识：2EH（CON＜46＞：=双点遥控）

可变结构限定词：01H（SQ=0，number=1）

传送原因：07H 00H（Cause=7，激活确认）

APDU 地址：01H 00H（ADDR=1，即 0001H，低位在前，高位在后）

信息体地址：66H 0BH 00H（低位在前，高位在后）000B66H

信息体元素：02H（单命令 DCO=02H=0000 0010，DCS=10=2，合，（bit0～1），双命令状态；QOC（QU（bit2～6），S/E（bit7）），QU=00000=0；S/E=0，执行。）

1.4　安　全　防　护

1.4.1　安全防护要求

现场配电终端主要通过光纤、无线网络等通信方式接入配电自动化系统，由于目前安全防护措施相对薄弱以及黑客攻击手段的增强，致使点多面广、分布广泛的配电自动化系统面临来自公网或专网的网络攻击风险，进而影响配电系统对用户的安全可靠供电。同时，攻击者存在通过配电终端误报故障信息等方式迂回攻击主站，进而造成更大范围的安全威胁。为了保障电网安全稳定运行，配电自动化系统必须满足一定的安全防护要求。

配电自动化系统的安全防护体系必须能够抵御黑客、恶意代码等通过各种形式对配电自动化系统发起的恶意破坏和攻击，以及其他非法操作，防止系统瘫痪和失控，以及并由此导致的配电网一次系统事故。

1.4.2　配电主站与配电终端交互安全

配电自动化系统的建设需参照"安全分区、网络专用、横向隔离、纵向认证"的原则，针对配电自动化系统点多面广、分布广泛、户外运行等特点，采用基于数字证书的认证技术及基于国产商用密码算法的加密技术，实现配电主站与配电终端间的双向身份鉴别及业务数据的加密，确保数据完整性和机密性；加强配电主站边界安全防护，与主网调度自动化系统之间采用横向单向安全隔离装置，接入生产控制大区的配电终端均通过安全接入区接入配电主站；加强配电终端服务和端口管理、密码管理、运维管控、内嵌安全芯片等措施，提高终端的防护水平。

配电主站生产控制大区采集应用部分与配电终端的通信方式原则上以电力光纤通信为主，对于不具备电力光纤通信条件的末梢配电终端，采用无线专网通信方式；配电主站管理信息大区采集应用部分与配电终端的通信方式原则上以无线公网通信为主。无论采用哪种通信方式，都应采用基于数字证书的认证技术及基于国产商用密码算法的加密技术进行安全防护，配电自动化系统整体安全防护方案如图 1-66 所示。

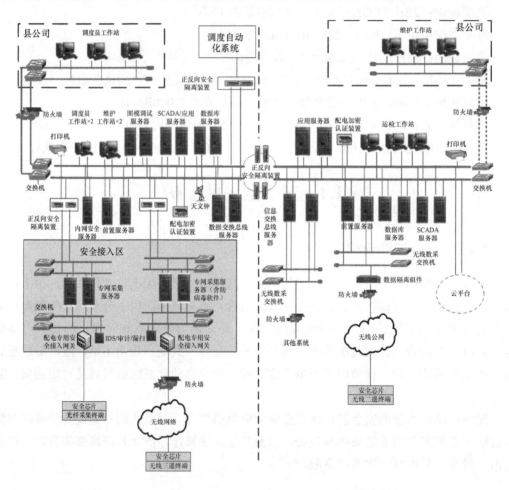

图 1-66　配电自动化系统整体安全防护方案

当采用 EPON、GPON 或光以太网络等技术时，应使用独立纤芯或波长。当采用 230MHz 等电力无线专网时，应采用相应安全防护措施。当采用 GPRS/CDMA 等公共无线网络时，应当启用公网自身提供的安全措施，包括：

1）采用 APN＋VPN 或 VPDN 技术实现无线虚拟专有通道；

2）通过认证服务器对接入终端进行身份认证和地址分配；

3）在主站系统和公共网络采用有线专线＋GRE 等手段。

1.4.3　系统边界安全防护

1.4.3.1　系统典型结构及边界

配电自动化系统的典型结构如图 1-67 所示，按照配电自动化系统的结构，安全防护分为以下 7 个部分：

1）生产控制大区采集应用部分与调度自动化系统边界的安全防护（B1）；

2）生产控制大区采集应用部分与管理信息大区采集应用部分边界的安全防护（B2）；

3）生产控制大区采集应用部分与安全接入区边界的安全防护（B3）；

4）安全接入区纵向通信的安全防护（B4）；

5）管理信息大区采集应用部分纵向通信的安全防护（B5）；

6）配电终端的安全防护（B6）；

7）管理信息大区采集应用部分与其他系统边界的安全防护（B7）。

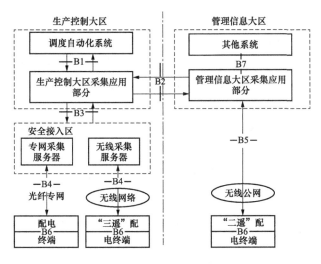

图 1-67　配电自动化系统的典型结构图

1.4.3.2　生产控制大区采集应用部分的安全防护

1. 生产控制大区采集应用部分内部的安全防护

无论采用何种通信方式，生产控制大区采集应用部分主机应采用经国家指定部门认证的安全加固操作系统，采用用户名/强口令、动态口令、物理设备、生物识别、数字证书等 2 种或 2 种以上组合方式，实现用户身份认证及账号管理。

生产控制大区采集应用部分应配置配电加密认证装置，对下行控制命令、远程参数设置等报文采用国产商用非对称密码算法（SM2、SM3）进行签名操作，实现配电终端对配电主站的身份鉴别与报文完整性保护；对配电终端与主站之间的业务数据采用国产商用对称密码算法（SM1）进行加解密操作，保障业务数据的安全性。

2. 生产控制大区采集应用部分与调度自动化系统边界的安全防护 （B1）

生产控制大区采集应用部分与调度自动化系统边界应部署电力专用横向单向安全隔离装置（部署正、反向隔离装置）。

3. 生产控制大区采集应用部分与管理信息大区采集应用部分边界的安全防护 （B2）

生产控制大区采集应用部分与管理信息大区采集应用部分边界应部署电力专用横向单向安全隔离装置（部署正、反向隔离装置）。

4. 生产控制大区采集应用部分与安全接入区边界的安全防护（B3）

生产控制大区采集应用部分与安全接入区边界应部署电力专用横向单向安全隔离装置（部署正、反向隔离装置）。

1.4.3.3 安全接入区纵向通信的安全防护（B4）

安全接入区部署的采集服务器必须采用经国家指定部门认证的安全加固操作系统，至少采用用户名/强口令、动态口令、物理设备、生物识别、数字证书其中的一种措施，实现用户身份认证及账号管理。

当采用专用通信网络时，相关的安全防护措施包括：①应当使用独立纤芯（或波长），保证网络隔离通信安全；②应在安全接入区配置配电安全接入网关，采用国产商用非对称密码算法实现配电安全接入网关与配电终端的双向身份认证。

当采用无线专网时，相关安全防护措施包括：①应启用无线网络自身提供的链路接入安全措施；②应在安全接入区配置配电安全接入网关，采用国产商用非对称密码算法实现配电安全接入网关与配电终端的双向身份认证；③应配置硬件防火墙，实现无线网络与安全接入区的隔离。

1.4.3.4 管理信息大区采集应用部分纵向通信的安全防护（B5）

配电终端主要通过公共无线网络接入管理信息大区采集应用部分，应启用公网自身提供的安全措施，采用硬件防火墙、数据隔离组件和配电加密认证装置的防护方案如图1-68所示。

硬件防火墙采取访问控制措施，对应用层数据流进行有效监视和控制。数据隔离组件提供双向访问控制、网络安全隔离、内网资源保护、数据交换管理、数据内容过滤等功能，实现边界安全隔离，防止非法链接穿透内网直接进行访问。配电加密认证装置对远程参数设置、远程版本升级等信息采用国产商用非对称密码算法进行签名操作，实现配电终端对配电主站的身份鉴别与报文完整性保护；对配电终端与主站之间的业务数据采用国产商用对称密码算法进行加解密操作，保障业务数据的安全性。

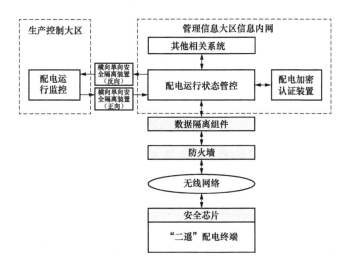

图 1-68 "硬件防火墙＋数据隔离组件＋配电加密认证装置"方案

1.4.3.5 管理信息大区采集应用部分内系统间的安全防护（B7）

管理信息大区采集应用部分与不同等级安全域之间的边界，应采用硬件防火墙等设备实现横向域间安全防护。

1.4.4 配电自动化终端的安全防护

配电终端设备应具有防窃、防火、防破坏等物理安全防护措施。

1. 接入生产控制大区采集应用部分的配电终端

接入生产控制大区采集应用部分的配电终端通过内嵌一颗安全芯片实现通信链路保护、双重身份认证、数据加密。

（1）接入生产控制大区采集应用部分的配电终端内嵌支持国产商用密码算法的安全芯片，采用国产商用非密码算法在配电终端和配电安全接入网关之间建立 VPN 专用通道，实现配电终端与配电安全接入网关的双向身份认证，保证链路通信安全。

（2）利用内嵌的安全芯片实现配电终端与配电主站之间基于国产非对称密码算法的双向身份鉴别，对来源于主站系统的控制命令、远程参数设置采取安全鉴别和数据完整性验证措施。

（3）配电终端与主站之间的业务数据采用基于国产对称密码算法的加密措施，确保数据的保密性和完整性。

（4）对存量配电终端进行升级改造，可通过在配电终端外串接内嵌安全芯片的配电加密盒，满足上述（1）和（2）的安全防护强度要求。

可以在配电终端设备上配置启动和停止远程命令执行的硬压板和软压板。硬压板是物理开关，打开后仅允许当地手动控制，闭合后可以接受远方控制；软压板是终端系统内的逻辑控制开关，在硬压板闭合状态下，主站通过一对一发报文启动和停止远程控制命令的处理和执行。

2. 接入管理信息大区采集应用部分的配电终端

接入管理信息大区采集应用部分的"二遥"配电终端通过内嵌一颗安全芯片，实现双向的身份认证、数据加密。

（1）利用内嵌的安全芯片实现配电终端与配电主站之间基于国产非对称密码算法的双向身份鉴别，对来源于配电主站的远程参数设置和远程升级指令采取安全鉴别和数据完整性验证措施。

（2）配电终端与主站之间的业务数据应采取基于国产对称密码算法的数据加密和数据完整性验证，确保传输数据保密性和完整性。

（3）对存量配电终端进行升级改造，可通过在终端外串接内嵌安全芯片的配电加密盒，满足"二遥"配电终端的安全防护强度要求。

3. 现场运维终端

现场运维终端包括现场运维手持设备和现场配置终端等设备。现场运维终端仅可通过串口对配电终端进行现场维护，且应采用严格的访问控制措施。应采用基于国产非对称密码算法的单向身份认证技术，实现对现场运维终端的身份鉴别，并通过对称密钥保证传输数据的完整性。

1.4.5 终端端口关闭及验证

以型号为 PDZ920 的"三遥"DTU 终端为例，关闭端口操作需要以下步骤：

（1）打开 SSH 客户端软件，输入主机 IP、用户名，点击 connect，如图 1-69 所示。

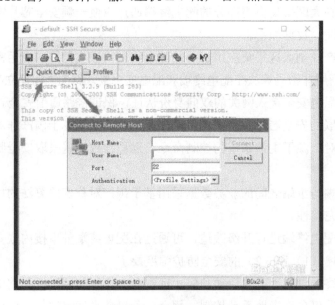

图 1-69 终端端口关闭及验证操作流程一

（2）输入密码，登录系统，如图 1-70 所示。

图 1-70　终端端口关闭及验证操作流程二

（3）在系统命令输入界面输入命令行"# netstat -anp |grep 端口号"查询对应的端口
开关情况，图 1-71 以 445 端口为例。

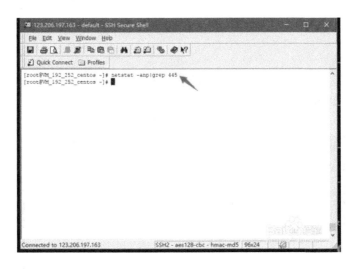

图 1-71　终端端口关闭及验证操作流程三

（4）如图 1-72 显示，说明该端口是开启的，记录下端口的 PID 为 3201。

（5）输入命令"kill -9 3201"，其中 3201 就是上面查看到的 PID 号，如图 1-73 所示。

（6）按回车后可以看到该程序已经被关闭了。再次使用"netstat -anp|grep 445"，发
现 445 端口已经关闭了，如图 1-74 所示。

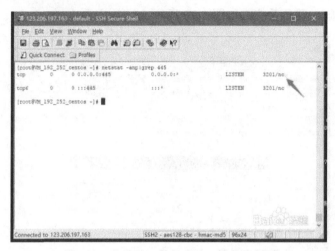

图 1-72　终端端口关闭及验证操作流程四

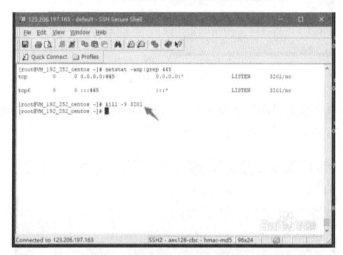

图 1-73　终端端口关闭及验证操作流程五

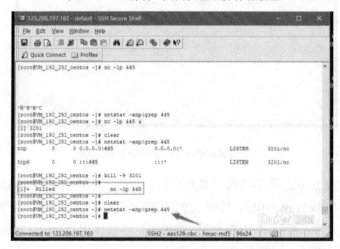

图 1-74　终端端口关闭及验证操作流程六

1.5 继电保护与馈线自动化

继电保护的作用是在电力系统正常运行与发生故障或不正常运行状态时，通过监测对比各种物理量（电压、电流）的差别来判断故障或异常，并且能够迅速、有选择性地切除故障元件，保证系统中无故障部分的正常运行。

馈线自动化 FA（feeder automation）是利用自动化装置或系统，监视配电网的运行状况，及时发现配电网故障，进行故障定位、隔离和恢复对非故障区域的供电。

馈线自动化与继电保护相配合，能够更好地实现配电网故障定位、隔离及恢复供电。

对于电缆线路的故障处理，应采用集中型馈线自动化与开关站/环网室/环网单元（以下简称开关站）出线电流保护配合方式。主线开关站配置"三遥"DTU，开关站出线配置过流保护。开关站出线发生故障时，由开关站出线电流保护动作切除，不影响主干线运行；主干线发生故障时，由变电站出线开关保护切除故障，然后由集中型馈线自动化完成故障定位隔离及非故障区域恢复供电。

对于供电可靠性有特殊要求的电缆线路的故障处理，可采用智能分布式馈线自动化或光纤差动保护方式。开关站所有间隔均应采用断路器，电缆线路发生故障时，由智能分布式馈线自动化或光纤差动保护实现故障的快速定位隔离及非故障区域恢复供电。

对于架空线路的故障处理，推荐采用合闸速断式馈线自动化与分支线电流保护配合方式。主干线开关投入合闸速断式馈线自动化功能，分支线开关投入过流保护与重合闸。分支线发生故障时由分支线保护完成故障处理，不影响主干线运行；主干线发生故障时由变电站出线开关保护切除故障，然后由合闸速断式馈线自动化完成故障定位隔离及非故障区域恢复供电。

对于架空线路的故障处理，也可采用继电保护级差配合方式。在能够与变电站出线保护实现时间级差配合的条件下，可根据实际情况选择实现变电出线保护、分段保护、大/小分支线保护及配变保护的级差配合，以实现故障点的分段隔离。时间级差一般按 0.15～0.3s 考虑，对于现阶段应用的智能开关，若需实现多级级差配合，时间级差可采用 0.1s，但存在失配的可能性。

下面介绍一下原理。

1.5.1 继电保护基础

配网继电保护分为过流保护（三段式过流，适用于单电源线路）、方向保护（方向电流电压保护、距离保护，适用于双侧电源线路）、差动保护（适用于要求全线速动的线路，光伏专线、电厂专线、储能电厂专线应用较多）、单相接地保护（非有效接地系统，稳态量、暂态量保护）、重合闸保护（减少瞬时性故障影响，提高供电可靠性）。

1.5.1.1 三段式过流保护

1. 瞬时电流速断保护

根据继电保护速动性要求，在保证选择性的前提下，保护装置切除故障时间越短越好，因此配置瞬时速断保护，也称为过流Ⅰ段保护。如图 1-75 所示，当 K1 与 K2 发生故障时，保护 2 如按躲过本线路末端最大短路电流整定，为保证选择性需考虑 1.2～1.3 的可靠系数，则保护 2 无法区分 K1 和 K2 故障。对此可以通过缩短保护范围，来解决上述问题。因此瞬时电流速断保护的弊端是无法保护线路全长，且保护范围受系统运行方式影响较大。

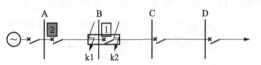

图 1-75　瞬时电流速断保护示意图

2. 限时电流速断保护

由于瞬时电流速断保护无法保护线路全长，因此考虑增加一段保护，用以保护线路速断范围以外的故障，也可以作为瞬时速断保护后备。

能以尽量短的时限实现切除被保护线路全线范围内的故障，称之为限时速断保护，也称为过流Ⅱ段保护。

由于要求保护线路全长，限时速断保护的动作范围必将伸入下一段线路，为了保证选择性，需要其动作时间在下一段瞬时速断保护基础上增加一个时间级差 Δt。

图 1-75 中当 K2 发生故障时，保护 2 的限时速断将启动，但由于其动作时间为 Δt，保护 1 先动作切除故障。

限时电流速断保护按线路末端发生故障保护有足够灵敏度整定，若灵敏度不满足要求，可采用降低动作电流的方法，使本线路限时速断保护与下一线路限时速断保护配合，如图 1-76 所示。

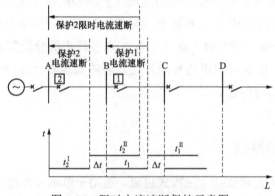

图 1-76　限时电流速断保护示意图

3. 定时限过流保护

定时限过流保护作为本线路主保护的近后备保护，并作为下一级相邻线路的远后备保护，不仅能保护本线路全长，而且也能保护下一级线路，又称为过流Ⅲ段保护。其一般按躲过线路最大负荷电流整定，但应考虑线路冷启动电流的影响。定时限过流保护的动作时间在下级定时限过流保护动作时间基础上增加一个时间级差，如图 1-77 所示，且越靠近电源点，保护动作时限越长。

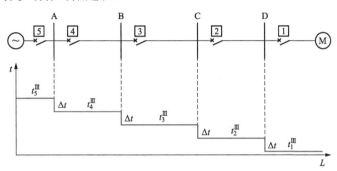

图 1-77　定时限过流保护示意图

1.5.1.2　单相接地

1. 中性点接地方式

中压配网的主要接地方式如图 1-78 所示。采用中性点接地方式的线路在发生接地时可以继续运行，提高供电可靠性。单相接地时，中性点电压上升，非故障相电压升高，容易引起绝缘击穿。不同于直接接地系统，单相接地故障时，零序电流主要为线路电容电流，稳态电流很小，小电流选线及选段准确率较低。为了保证发生接地时可以继续运行，提高供电可靠性，对零序过流保护，其动作值（一般为 2~3A）比相间短路的电流保护（一般为 5~7A）小，有较高的灵敏度。

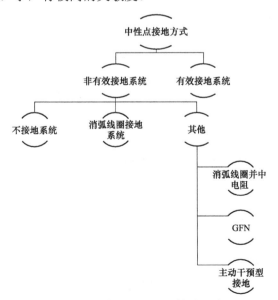

图 1-78　中压配网主要接地方式

2. 不接地系统单相接地故障

在中性点不接地的电网中发生单相接地故障时，其相量图如图 1-79 所示，故障相对地电压为零，非故障相对地电压为电网的线电压，电网出现零序电压，其大小等于电网正常工作时的相电压，但电网的线电压仍是三相对称的。

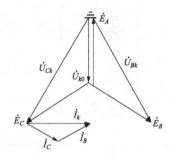

图 1-79　中压配网单相接地时电压电流相量图

非故障线路三相电流的大小等于本线路的接地电容电流。故障线路三相电流的大小等于所有非故障线路的三相电流之和，也就是所有非故障线路的接地电容电流之和，如图 1-80 所示。

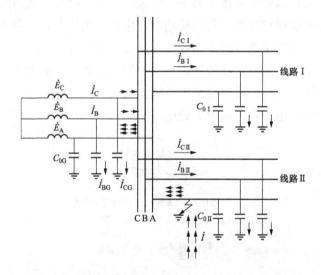

图 1-80　不接地系统单相接地故障电流流向示意图

非故障线路的零序电流超前零序电压 90°；故障线路的零序电流滞后零序电压 90°；故障线路的零序电流与非故障线路的零序电流相位相差 180°。

接地故障处的电流等于所有线路（包括故障线路和非故障线路）的接地电容电流的总和，它超前零序电压 90°。

消弧线圈系统单相接地故障，由于采用过补偿方式的消弧线圈，因此单相接地故障特点为：流经故障线路的零序电流将大于本身的电容电流；流经故障线路的容性无功功率实际方向为由母线到线路，同非故障线路。

1.5.1.3　重合闸

重合闸装置是将因故障跳开后的断路器按需要自动投入的一种装置。重合闸装置的主要作用是：①对瞬时性的故障可迅速恢复正常运行，提高供电可靠性，减少停电损失；②对由于继电保护误动、工作人员误碰等原因导致的断路器的误跳闸，可用自动重合闸补救；③提高系统并列运行的稳定性。

重合闸方式可以分为三相重合闸方式（10kV 线路采用三相重合闸）、单相重合闸方式、综合重合闸方式、重合闸停用方式。重合闸的启动方式包括断路器偷跳启动和保护动作启动两种，对应的重合方式包括检无压、检同期、重合不检。

1.5.2　集中型馈线自动化

对于网架结构为单环网、双环网、双射等形式的电缆线路或以电缆线路为主的混合线路，推荐主干线采用集中型馈线自动化。

动作逻辑如下：

（1）某线路正常供电，如图 1-81 所示；当 F1 点发生故障时，变电站出线断路器 1 检测到线路故障，保护动作跳闸，环网柜 1 的 K101、K102 配电终端上送过流信息，如图 1-82 所示。

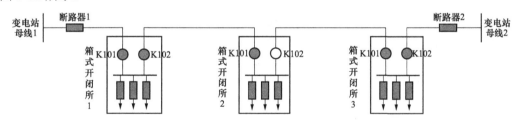

图 1-81　集中型馈线自动化动作流程图一

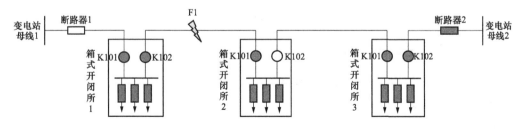

图 1-82　集中型馈线自动化动作流程图二

（2）配电主站收到出线断路器 1 开关变位及事故信号后，判断满足启动条件，开始收集信号。

（3）信号收集完毕，配电主站启动故障分析，根据各终端上送的过流信息，定位故障点在环网柜 1 与环网柜 2 之间，并生成相应的处理策略。

（4）主站发出遥控分闸指令，环网柜 1 的 K102 与环网柜 2 的 K101 开关分闸，将故障区段隔离，如图 1-83 所示。

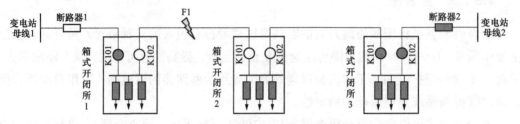

图 1-83　集中型馈线自动化动作流程图三

（5）隔离成功后，主站发出遥控合闸指令，首先遥控合闸出线断路器 1，实现电源侧非故障停电区域恢复供电，如图 1-84 所示。

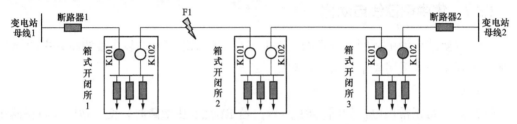

图 1-84　集中型馈线自动化动作流程图四

（6）随后遥控合闸环网柜 2 的 K102 联络开关，实现负荷侧非故障停电区域恢复供电，如图 1-85 所示，并记录本次故障处理的全部过程信息，完成本次故障处理。

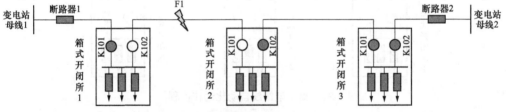

图 1-85　集中型馈线自动化动作流程图五

1.5.3　合闸速断馈线自动化

网架结构为单辐射、单联络或多联络架空线路或以架空线路为主的混合线路，推荐主干线采用合闸速断馈线自动化。

动作逻辑如下：

如图 1-86（a）所示，当主干线分段开关 B 与 C 之间发生永久性故障时，变电站出线保护动作跳开出线开关 S1，由于线路失电，分段开关 A、B、C 均无压跳闸；变电站开关 S1 经重合闸延时后合闸，分段开关 A、B 检测到线路有压后依次合闸，并在有压合闸时开放本开关瞬时过流保护；分段开关 A 未重合于故障，瞬时过流保护功能将在规定时限后退出；当分段开关 B 合闸时，由于重合于故障，分段开关 B 的瞬时过流保护动作，再次跳开本开关。由于变电站出线开关过流Ⅰ段退出或者保护范围较短，变电站出线开关保护不会动作。分段开关 C 由于检测到开关 B 合闸时的瞬时残压将闭锁本开关合闸。联络开关 D 在检测到一侧无压一侧有压后经固定延时合闸，恢复非故障区域供电。该种方式也仅需变电站开关一次重合闸即可恢复线路正常运行。全部动作过程如图 1-86 所示。

当主干线分段开关 B 与 C 之间发生瞬时性故障时，分段开关 A、B、C 顺次合闸。联络开关 D 检测到两侧均有电压，则不会合闸。

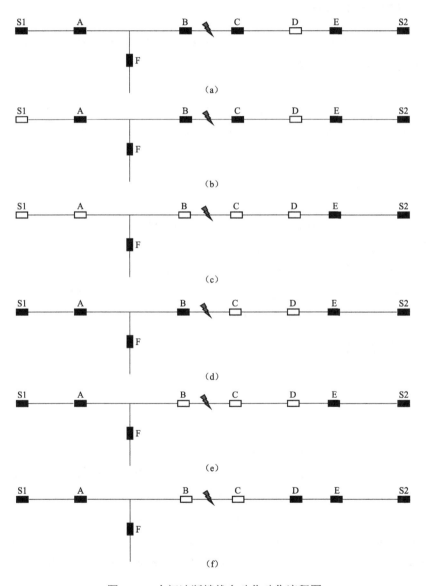

图 1-86　合闸速断馈线自动化动作流程图

（a）永久性故障；（b）变电所出线保护动作跳开 S1；（c）A、B、C 失压分闸；

（d）S1 重合闸，A、B 检测有压合闸；（e）B 重合于故障分闸，C 残压闭锁合闸；（f）联络开关 D 合闸

1.6 继保仪的使用

在进行 DTU "三遥"联调中，需要用到继电保护测试仪（简称继保仪），本节对继保仪使用操作进行简单介绍。

1.6.1 使用前的准备工作

（1）先准备一个电源盘给继保仪供电。电源盘应该放置在平整的平面上，无积水、无杂物，在使用的时候，要保持一定的松弛度。另外，用之前还要检查电气部件或电缆损伤、漏电开关是否能动作，金属壳体是否严重变形、受损。

（2）使用继保仪前，要将继保仪可靠接地，然后接入电源，并将 DTU 装置的维护软件连上 DTU。在使用继保仪时，不能堵住机身的通风口，一般都是将继保仪站立放置或者打开支撑脚稍倾斜放置。

1.6.2 硬遥信测试

在终端没有连接开关的情况下，要进行硬遥信测试，可以借助继保仪测试被测装置对现场设备的动作事件能否正确检测。

测试方法如下：继保仪的面板上会有多个开出量端口，将开出量 X 接入被测装置的开入量 X，公共端接入被测装置的遥信正电源（YXcom）即可。继保仪开出后，装置上对应的遥信灯应亮起，从而验证装置的遥信是否正确。

1.6.3 遥测测试

遥测测试的主要内容包括电压电流测试和故障告警测试。

1. 电压电流测试

测试时，将继保仪的电压电流输出用测试线直接连接到设备的电压电流采集端子上。连接时，要注意以下问题：电压输出回路不能短路，电流输出回路不能开路，而且接线时要注意相电压、相电流的 N 线分别与零序电压、零序电流的 N 线短接在一起，接线的时候要注意区分，不然有可能会损坏继保仪器，甚至可能危及人身安全。

（1）电压遥测具体操作方法如下：将继保仪的 A、B、C 相电压接线分别与相电压的 A、B、C 相连接，在继保仪面板上设置电压幅值、相位、频率，电压幅值可以设置为 57.7V，当 DTU 的 U_{ab}、U_{bc}、U_{ab} 显示 100V 即正确。继保仪一般有多路电压输出，可以同时进行测试。

（2）电流遥测具体方法如下：

1）将继保仪的 A、B、C 相的电流接线分别与环网柜或者 DTU 的 A、B、C 相的电流接线端子相连接，在继保仪面板上设置电流幅值、相位、频率。

2）分别给 A、B、C 相加量 1、2、3A，确定装置遥测相序正确且误差符合要求。

3）分别给 A、B、C 加量 20%、60%、100%、120%额定值（二次额定 5A 时，加量为 1、3、5、6A），观察装置误差是否符合要求。遥测精确度测试时，要求装置误差不超过 0.5%，即要求 $\dfrac{\text{装置面板显示值}-\text{继保仪测试值}}{\text{继保仪测试值}}<0.5\%$。

若装置面板显示值误差不符合要求，可以先使用万用表测量继保仪的输出有没有问题；如果输出正确再去查看图纸，检查设备上对应端子排的接线是否有虚接或者短线的情况。

进行遥测测试时，可以使用状态序列这一功能，按照固定的顺序设置好每次需要加上的电压电流，并设置好切换条件，这样就可以方便快捷地进行遥测测试了。

2. 故障告警测试

故障告警信号测试也就是测试故障过流信号的准确性，即当 DTU 设置线路过流限值后，加过流能否正确告警，是否会发生误报。操作流程如下：

（1）先给 DTU 设置线路过流 I 段限值，包括电流大小和时间（例如 5A，50ms），过流 I 段软压板投开启（可根据各地要求设置）。

（2）分别给 A 相、B 相、C 相加故障电流量（可以根据过流 I 段限值加 1.5%及以上），测试装置是否发出过流告警信号。

1.6.4　关闭继保仪

实际使用中禁止在输出状态直接关闭继保仪电源，必须确保继保仪已经退出正常工作模式才能关闭电源，以免因关闭时输出错误导致保护误动作。

1.7　配电自动化改造过程中工作票使用的注意事项

在配电自动化改造过程中必须正确使用工作票。配电自动化改造工作主要涉及 DTU 安装与调试、电缆敷设（包括 TA 电缆、控制电缆、电源线）、电流互感器安装、电动机构安装与调试等工作。其中电流互感器安装和电动机构安装调试工作使用配电第一种工作票，DTU 安装调试及电缆线敷设使用配电第二种工作票。

1.7.1　配电工作票的一般规定

（1）按照《配电安规》要求应使用工作票的工作，严禁无票作业，并不得使用派工单、申请单、联系单或口头命令等代替。

（2）工作票通过公司生产管理系统（以下简称 PMS 系统）填写，原则上不使用

手工填写，确因网络中断等特殊情况，可以手工填写，但票面应采用 PMS 系统中的格式，内容填写符合规定，事后应在 PMS 系统中补票。工作票使用 A3 或 A4 纸印刷或打印。

（3）工作票实行编号管理。通过局域网传递的工作票，应有 PMS 系统认证签名。

（4）工作票、故障紧急抢修单采用手工方式填写时，应用黑色或蓝色的钢（水）笔或圆珠笔填写和签发。工作票票面上的时间、工作地点、线路名称、设备双重名称（即设备名称和编号）、动词（如拉、合、拆、装）、状态词（如冷备用、热备用）等关键字不得涂改。其他内容若有个别错、漏字需要修改、补充时，应使用规范的符号（删除用"＝"，插入用"Ｖ"），字迹应清楚。

（5）工作票由工作负责人填写，也可以由工作票签发人填写。各级专职安监人员不应签发工作票。

（6）执行完成的工作票盖"已执行"章；对填写错误或因故不能开工的工作票，盖"作废"或"不执行"章。

（7）工作票所列人员的补充条件：

1）工作票签发人应具备四级及以上安全技术等级资格，工作负责人、小组负责人、工作许可人、专责监护人应具备三级及以上安全技术等级资格。

2）外包工程（业务）工作票双签发人和工作负责人需报设备运行管理单位备案。集体企业工作票签发人和工作负责人需报主办单位备案。

1.7.2　配电第一种工作票在自动化改造过程中的使用及注意事项

需要将高压线路、设备停电或做安全措施的配电线路设备上的工作，应填用配电第一种工作票。电流互感器安装工作，需要将线路两侧改为检修状态，并在工作地点放置"在此工作"牌，相邻间隔悬挂"止步，高压危险"标识牌，在线路两侧开关处挂设"禁止合闸，有人工作"标识牌。在工作前，工作负责人必须与工作许可人仔细核对线路名称、间隔状态，注意检查柜体接地是否完整可靠。

电动机构安装调试工作，需要将线路两侧改为热备用状态，并在工作地点放置"在此工作"标识牌，相邻间隔悬挂"止步，高压危险"标识牌。由于工作间隔的电动机构调试需要分合开关，此时不需要在工作间隔开关处挂设"禁止合闸，有人工作"。对于只在线路一侧开关进行电机安装调试的工作，需要在该条线路对侧开关挂设"禁止合闸，有人工作"标识牌。在工作前，工作负责人必须与工作许可人仔细核对线路两侧开关是否为热备用状态，防止电动机构调试时带接地合闸。在电动机构调试前，工作负责人必须仔细核对线路名称、间隔号，防止误动其他间隔。

1.7.3　配电第二种工作票在自动化改造过程中的使用及注意事项

高压配电（含相关场所及二次系统）工作，与邻近带电高压线路或设备的距离大于

《配电安规》表 3-1 规定，不需要将高压线路、设备停电或做安全措施者，应填用配电第二种工作票。DTU 安装调试及电缆线敷设等工作，可以在一次设备不停电的情况下进行，工作前在 DTU 安装调试位置放置"在此工作"标识牌，周围邻近的一次设备悬挂"止步，高压危险"标识牌。在 DTU 电缆敷设工作中除了通用安全措施以外，由于涉及在电缆沟体中的线缆敷设，还需要补充密闭空间作业气体检测安全注意事项，如打开电缆盖板后必须先通风，经气体检测仪检测合格后方可进入等。

第 2 章　站所终端典型操作案例

2.1　室内开关站自动化改造现场勘查

2.1.1　前期准备

室内开关站布局各有不同，要合理安排各种站点的自动化改造计划必须要进行前期查勘。站点的前期查勘是自动化改造工程的第一步，也是工程顺利进行的保障。现场勘查的前期准备工作包括技术准备、物资准备、组织准备。

技术准备工作主要包括收集施工技术相关资料、参加施工图设计会审等。

物资准备工作主要指在工作开始前准备好勘查所需的照明灯具、卷尺、测距仪、记录表勘察单以及其他工作所需的劳保用品等。

组织准备主要指在工作开始前，建设单位联系施工、设计单位（必要时可请开关柜厂家同时参加勘查），约定人员、时间、地点。

图 2-1　改造间隔双重命名

2.1.2　勘查要点及查勘单的填写

现场勘查的要点主要包括站名、线路名称、DTU 的安装位置、低压电源来源、记录 TA 变比、预估电缆长度等。现场运维人员在自动化站点的查勘过程中需要完整正确地填写现场查勘工作单，查勘单的填写步骤如下：

（1）在进入配电站所前，应仔细核对站名，并记录。

（2）记录所需改造间隔开关柜的双重命名，如图 2-1 所示。

（3）记录开关柜开关分合状态，在开关状态栏中填写"1"或"0"来表示"合"或"分"，图 2-2 所示为"合"状态。

（4）记录开关柜柜型，在柜型栏中填写开关柜品牌及其型号，如图 2-3 所示为浙江时通电气制造有限公司 XGN-12 型开关柜。

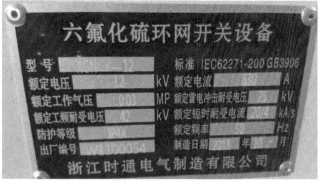

图 2-2 开关柜开关分合状态 　　　　　　　图 2-3 开关柜铭牌

（5）记录开关柜原有 TA 的变比和数量，如图 2-4、图 2-5 所示。

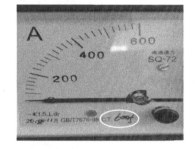

图 2-4 开关柜电缆仓贴纸记录 TA 的变比和数量 　 图 2-5 开关柜电流表面板查看 TA 的变比

（6）记录所需改造间隔的开关柜是否具有符合要求的电动操动机构、辅助触点以及二次端子排，如图 2-6、图 2-7 所示。

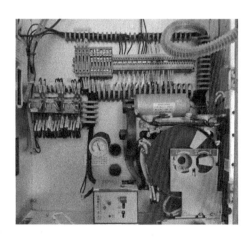

图 2-6 开关柜二次小室内二次端子排 　　　　图 2-7 开关柜辅助触点

（7）记录确认间隔将采用的自动化方式，填写"三遥""二遥"或不接；

（8）记录确认采用的 DTU 型号，根据接入间隔数量填写 8 路遮蔽立式或 16 路组屏并确认 DTU 摆放位置，如图 2-8 所示。

图 2-8　DTU 摆放位置

（9）记录确认 DTU 取电方式，电源箱取电或 TV 取电，如图 2-9、如图 2-10 所示。

 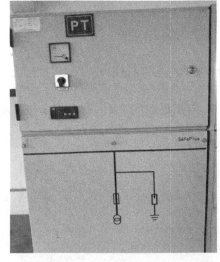

图 2-9　电源箱取电　　　　　　　　图 2-10　TV 取电

2.1.3　现场勘查典型案例

1. 室内两段母线并列型

图 2-11 为典型的两段母线并列布置。任意一段母线旁边都有足够空间放置 DTU。考虑今后检修拼柜的可能性，DTU 可以与其中一段母线隔开一个间隔位置放置。

2. 室内两段母线"一字"排列型

图 2-12 为典型的两段母线一字排列布置。其中一段母线旁边有足够空间放置 DTU。考虑今后检修拼柜的可能性，DTU 可以与旁边有空位母线隔开一个间隔位置放置。

图 2-11　室内两段母线并列型 DTU 选址及取电

图 2-12　室内两段母线"一字"排列型
DTU 选址及取电

2.1.4　危险点及注意事项

危险点 1：现场勘查工作中，误碰带电设备造成人身伤亡。

注意事项：开关站内母线及所有开关间隔均带电运行中，在勘查工作前由工作负责人向所有勘查人员交代开关站内设备带电情况，履行确认手续。特别是对 TA 安装情况的勘查，工作人员只能通过一次电缆舱门的观察窗进行观察，严禁打开运行间隔的一次电缆室舱门，TA 变比可以通过开关柜电流表上的变比或柜铭牌上标注的变比进行确认。

危险点 2：低压回路误碰触电。

注意事项：勘查过程中，对低压电源箱和 TV 二次接线端子进行勘查时不得误碰带电体，需要测量空气开关或接线端子排是否带电时，应使用合格的验电笔。使用万用表测量电压时应调整在正确的档位，严禁用手直接触碰裸露金属部位。

危险点 3：查看带电设备时，安全措施不到位，安全距离无法保证。

注意事项：在带电设备周围应设置围栏，围栏上悬挂适当数量的"止步，高压危险！"标示牌，标示牌应朝向围栏外面；查勘时严禁站立在开关柜泄压侧。

危险点 4：现场照明不足，易发生高空落物、碰伤等情况。

注意事项：勘查现场应配备有足够的照明设施，针对个别照明缺失的站点，勘查人员应随身配备手电筒、筒灯等照明工具。勘查工作不应安排在夜间进行。针对高空落物、碰伤等情况，勘查人员在进入开关站前应正确佩戴安全帽、穿好工作服，安全帽应在合格期内。

2.2 参 数 配 置

2.2.1 前期准备

馈线自动化需要判断和处理复杂的故障情况，开展馈线自动化之前，需要对其进行适当的设置，设置完成后需要进行相关配置参数查看。DTU 参数配置主要包括装置参数、系统配置、保护定值、遥信参数、遥测参数、"三遥"点表等。

调试阶段包括工具准备、设备连接、参数定值配置、主站联调等。在各阶段进行参数配置前，首先需要将笔记本通过网线和 DTU 装置进行连接，然后在厂家后台调试软件中建立或打开已有的连接，做好正确配置，连接上 DTU 装置。以下通过某厂家 PDZ920 型号 DTU 为例进行操作实例讲解。

2.2.1.1 网线连接

先用网线将笔记本电脑与装置网口进行连接，装置 CPU 板（RP3001E2）有两个网口，网口 1 为运行网口，网口 2 为调试网口，一般采用网口 2，其调试地址为 100.100.101.1，此时笔记本的本地 IP 应设置为同一网段（建议统一设置为 100.100.101.77），子网掩码为 255.255.255.0。当然，若已知网口 1 地址，也可与网口 1 相连。

2.2.1.2 子站的建立与配置

1. 新建子站

打开 IECManager 软件后，点击菜单中"文件"，选择"新建子站"，输入自定义的子站名称，如图 2-13 所示。

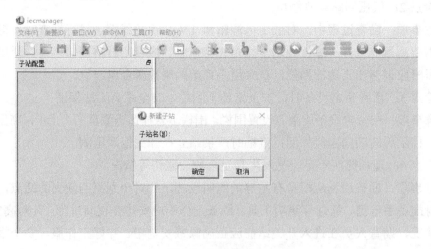

图 2-13　新建子站

输入子站名后，点击"确定"，在配置列表中将显示创建好的子站（可以创建多个子站），如图 2-14 所示。

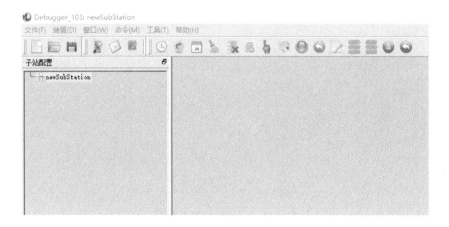

图 2-14　创建子站完成

2．子站的配置及装置连接

在配置列表中选择要配置的子站，右键选择"编辑装置"，界面如图 2-15 所示。

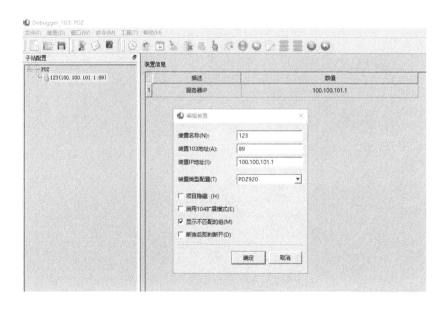

图 2-15　"编辑装置"界面

在图中装置 103 地址填入"89"，装置 IP 地址装置填入 CPU 网口的地址，装置类型配置选择"PDZ920"，配置完成后点击"确定"按钮。在配置好的子站处鼠标右击，然后点"连接装置"（见图 2-16），待装置连接进度条加载完毕，即完成装置连接工作。

图 2-16 "连接装置"界面

2.2.2 参数配置典型案例简述

2.2.2.1 基础参数与配置

装置连接成功后,界面显示如图 2-17 所示。

图 2-17 装置连接成功后主界面

基础参数(见图 2-18)中较为重要的是左侧配置列表中"装置参数"里的 IP、调试地址、装置地址及规约等参数。

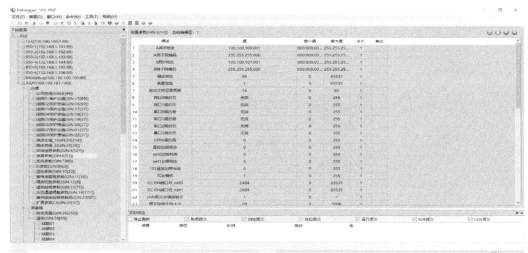

图 2-18　基础参数

（1）IP 的设置：装置网口地址可在"装置参数"中查看与设置，A 网对应网口 1，B 网对应网口 2。

（2）调试地址：调试地址默认为 89，若调试地址被随意更改而调试人员未知，在连接装置时会因参数配置不对应而无法连接。

（3）装置地址：装置地址按现场实际需求设置，若装置地址更改后，在主站中没有同步更改，则主站中将无法查看实时数据。

（4）规约的设置：网口的规约号应选择 IEC104，串口号选择对上平衡式 IEC101。如果设置错误，则无法通过网口或串口传输数据。

2.2.2.2　点表配置流程方法

1. 点表的召唤

装置中的点表是一个 route 文件，若更改，需先将其从装置中导出到调试电脑中。在菜单栏"装置"中选择"文件召唤"，如图 2-19 所示。

其中"装置目录"栏选择/media/arp 即可完成程序、配置文件的召唤，route 即为"三遥"表，召唤成功后，回到本地文件夹（默认在调试软件安装目录下中）找到"uploaded"中的"route"，复制到安装目录下的/db/100.100.101.1 中替换原 route，回到软件界面，在子站列表中选中子站右击"点表配置"中查看、修改装置的"三遥"表。"文件召唤"功能除了召唤点表文件外，还可以召唤其他配置文件，如选择/media/comtrade 即可完成录波文件的召唤。

2. 点表的配置

IECManager 具有终端通信点表配置功能，主要包括对终端遥测、遥信、遥控的点表配置操作。首先在主界面工具栏点击生成"三遥"表，如图 2-20 所示。

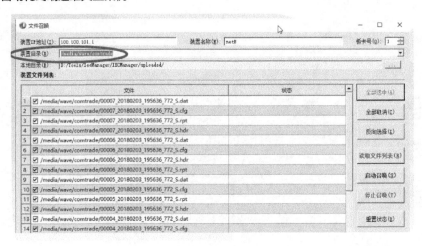

图 2-19　文件召唤

图 2-20　生成"三遥"表

再在子站列表中选中子站右击"点表配置",其基本界面如图 2-21 所示。

图 2-21　点表配置

遥测表配置如图 2-22 所示,其中遥测类型可选择浮点值(上送遥测类型为浮点型)、归一化值(上送遥测类型为整型)、系数(配置遥测值放大系数)和偏移量(默认为 0,不做配置)。

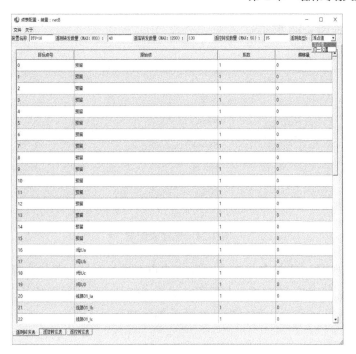

图 2-22　遥测表配置

遥信表配置如图 2-23 所示，其中极性一栏选择正极性表示正常上送遥信值，负极性表示将遥信值取反后上送。

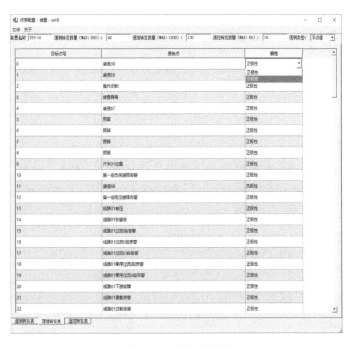

图 2-23　遥信表配置

遥控表配置如图 2-24 所示。

图 2-24　遥控表配置

"三遥"表在配置时需按各地市公司发布的点表进行配置，尤其注意点号顺序、系数等，且与主站的配置对应。"三遥"表配置完成后，在点表配置菜单栏"文件"中选择"导出转发表"，如图 2-25 所示，路径默认在软件的安装目录下。

图 2-25　导出转发表

3. 点表的下装

按照要求配置完成后，在菜单栏的"装置"中选择"下装"，如图 2-26 所示，找到列表中配置好的"route"文件，选择启动，如图 2-27 所示。下装完成后，必须将装置断电重启。

图 2-26　点表下装

图 2-27　装置下载

2.2.2.3　基本参数配置

1. 防抖参数（出厂已经配置完成，若无特殊需求，现场无需配置）

在定值页面中找到"BI 参数"，其中包括遥信去抖时间、复归遥信号、电池活化遥信号、开关起始遥信号、把手遥信号、把手控制开关数、遥信返回模式、遥信返回模式延时等，如图 2-28 所示。

2. 死区参数（需根据现场需求配置）

首先明白死区的定义，如果现场实际遥测量的变化值小于死区值，则变化后的遥测量并不会上送主站，主站界面中仍显示原先的遥测量。死区参数设置在"系统参数"中。这里设置的死区值，并不是实际值，而是通过以下公式计算得出：

$$死区阈值 = \frac{死区定值}{最大值} \times 额定值$$

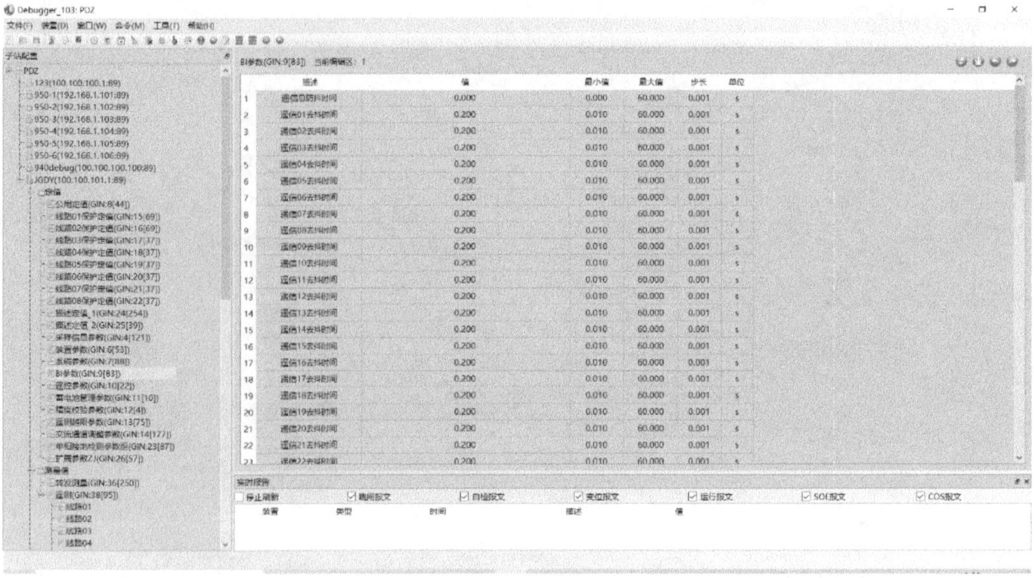

图 2-28　防抖参数

其中死区定值就是需要在软件中设置的值，而死区阈值才是实际值。举例：想让变化值小于 0.1V 的电压量不上送，则 0.1X100000/100＝100，所以在软件中电流变化死区应输入 100。如果死区设置过大，在主站可能无法显示正确的遥测值。配置界面如图 2-29 所示。

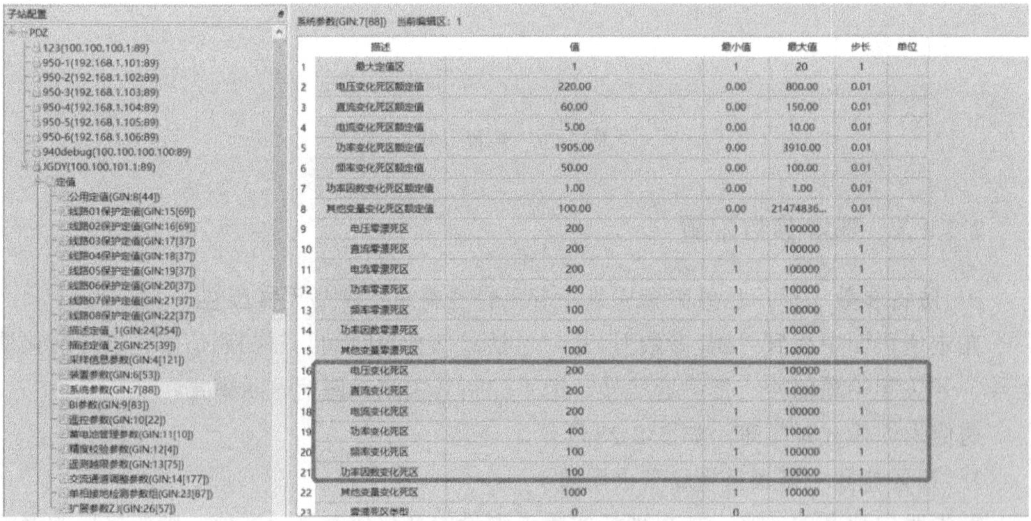

图 2-29　死区参数

3. 零漂参数（需根据现场需求配置）

首先明白零漂的定义，如果现场实际遥测量不大于零漂值，则遥测量不上送，主站界面显示为 0。零漂参数设置在"系统参数"中。零漂参数的计算方法与死区计算方法一致。配置界面如图 2-30 所示。

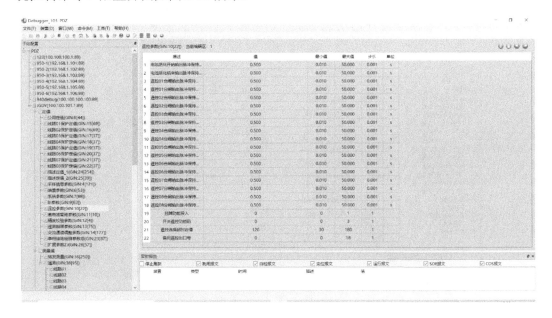

图 2-30　零漂参数

4. 脉冲参数（出厂已经配置完成，若无特殊需求，现场无需配置）

在定值页面中找到"遥控参数"，其中包括电池活化开始输出脉冲保持时间、电池活化结束输出脉冲保持时间、遥控合闸输出脉冲保持时间、遥控分闸输出脉冲保持时间、遥控选择超时定值。如果脉冲保持时间设置过短，则控制回路得电时间过短，将无法实现控制命令。配置界面如图 2-31 所示。

图 2-31　脉冲参数

5. 信号复归功能（出厂已经配置完成，若无特殊需求，现场无需配置）

信号复归主要是指线路发生故障后后台告警信号、面板告警信号的复归。有关参数设置在"公用定值"中，如图 2-32 所示。

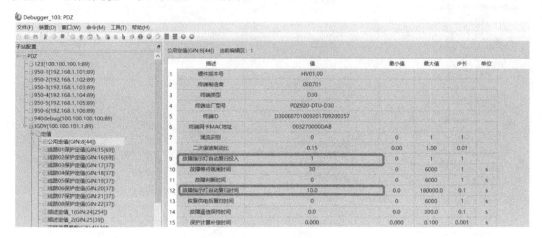

图 2-32　信号复归

6. 电池活化功能（出厂已经配置完成，若无特殊需求，现场无需配置）

在定值页面中选择"蓄电池管理参数"，其中包括蓄电池管理模式、蓄电池放电周期、蓄电池管理起始年月日、蓄电池欠压定值等。

举例：若蓄电池管理模式投 2，蓄电池放电周期设 90，蓄电池放电时间设 1，蓄电池管理起始时间设 2020 年 04 月 01 日 08 时 0 分 0 秒，欠压定值设 45V，则蓄电池将从起始时间开始，每隔 90 天，启动电池活化功能，持续 1 小时，或在电池电压低于 45V 时启动电池活化。配置界面如图 2-33 所示。

	描述	值	最小值	最大值	步长	单位
1	蓄电池管理模式	2	0	2	1	
2	蓄电池活化周期	90	1	360	1	天
3	蓄电池活化时间	1	1	72	1	小时
4	蓄电池活化起始年	2020	2013	2100	1	年
5	蓄电池活化起始月	4	1	12	1	月
6	蓄电池活化起始日	1	1	31	1	日
7	蓄电池活化起始时	8	0	23	1	时
8	蓄电池活化起始分	0	0	59	1	分
9	蓄电池活化起始秒	0	0	59	1	秒
10	蓄电池欠压定值	45	0.00	300.00	0.01	V

图 2-33　蓄电池参数管理

2.2.2.4 保护参数配置

PDZ920 型 DTU 可实现三段式过流、零序过流、欠压及过压保护、母线单相接地保护功能。保护定值的设置如图 2-34 所示。

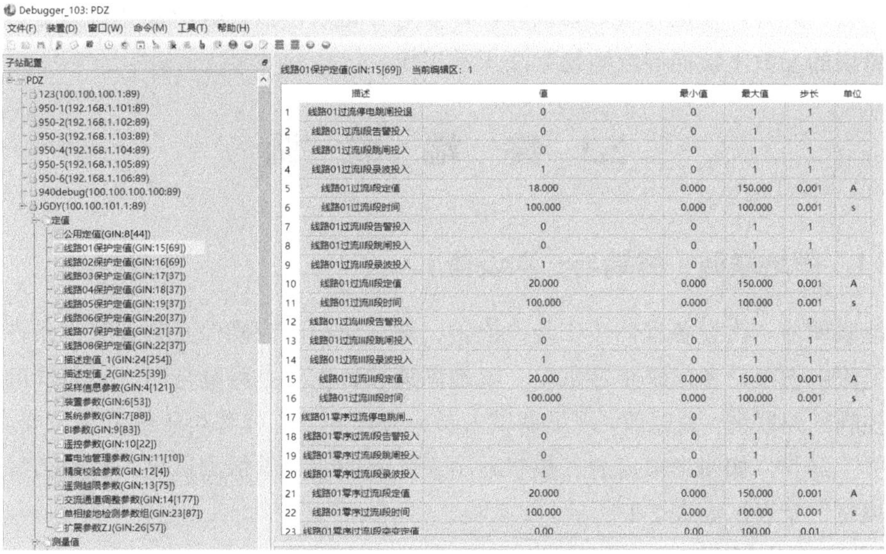

图 2-34　保护定值的设置

短路保护的定值界面在"线路 01-08 保护定值"中，共有 8 个间隔可配置，按照现场开关柜排布分配间隔归属，并将整定单中对应的定值数据输入。单相接地保护的定值界面在"单相接地检测参数组"中，主要是针对母线的接地保护功能，有需要设置接地保护的开关柜，将整定单中对应的定值数据输入。配置界面如图 2-35 所示。

图 2-35　单相接地检测参数

2.2.3 要点及注意事项

在进行参数配置的工作时，要注意所配置的参数是否需要装置重启之后才能生效，例如 IP、协议等装置参数修改之后必须要重启，而保护定值、遥控脉冲等参数修改之后则直接生效。此外，在进行参数修改时，需要进行记录，点表等配置文件做好备份，防止由于错误的参数下装而导致装置无法正常工作。

2.3 终 端 联 调

2.3.1 就地联调（终端与一次设备）

就地联调前一次设备本体应安装、检验、调试完毕，应确保其具备联调条件，并确保终端交流电源或后备电源正常供电。就地联调项目主要是终端与一次设备间的测量、信号及控制回路联调。调试前，现场调试人员应办理相关工作许可手续并做好安全措施，配备相关工器具，如钳形电流表、数字万用表、剥线钳、继保测试仪、螺丝刀等。就地联调应填写记录表，如表 2-1 所示。

表 2-1　　　　　　　　　　　就地联调记录表

××间隔就地联调记录		
交流电源电压		
后备电源电压		
电压回路相序校验		
电压回路精度校验（50%U_n、100%U_n）	继保仪读数	终端液晶面板读数
U_a		
U_b		
U_c		
电流回路相序校验		
电流回路精度校验（50%I_n、100%I_n、120%I_n）	继保仪读数	终端液晶面板读数
I_a		
I_b		
I_c		
功率测量误差测试	终端液晶面板读数	采样精度
给定 U、I 及功率因数	$P=$　　, $Q=$	

设备状态	终端指示灯	终端液晶面板指示
开关合闸		
开关分闸		
开关柜远方/就地	—	
接地开关	—	
终端远方/就地	—	
交流失电		
电池欠压		
电池活化		
过流告警		
其他公共信号		

	是否执行成功	遥信变位是否正确
终端就地控制合闸		
终端就地控制分闸		
电池活化		

2.3.2 主站联调（终端与主站）

主站联调项目主要是终端与主站间的"三遥"（遥测、遥信、遥控）调试，一般情况下，主站联调与就地联调可同步进行。调试前，应确保通信链路畅通，配调主站数据库信息点表录入工作及图形绘制工作完成并已发布。现场调试人员应办理相关工作许可手续并做好安全措施，配备相关工器具，如钳形电流表、数字万用表、剥线钳、继保测试仪、螺丝刀、调试笔记本、网线测试仪等。主站联调也应填写记录表，如表 2-2 所示。

表 2-2　　　　　　　　　　主 站 联 调 记 录 表

××间隔主站联调记录		
测量及校验	终端测量值	主站显示值
交流电源电压		—
后备电源电压		
电压回路相序校验		
电压回路精度校验（50%U_n、100%U_n）	终端液晶面板读数	主站显示值

续表

U_a		
U_b		
U_c		
电流回路相序校验		
电流回路精度校验（50%I_n、100%I_n、120%I_n）	终端液晶面板读数	主站显示值
I_a		
I_b		
I_c		
功率测量误差测试	终端液晶面板读数	主站显示值
给定 U、I 及功率因数	$P=$　　，$Q=$	$P=$　　，$Q=$

设备状态	终端液晶面板指示	主站遥信
开关合闸		
开关分闸		
开关柜远方/就地		
接地开关		
终端远方/就地		
交流失电		
电池欠压		
电池活化		
过流告警		
其他公共信号		

	是否执行成功	遥信变位是否正确
主站遥控开关合闸		
主站遥控开关分闸		
主站遥控电池活化		

加密测试	

2.4　现场调试验收

2.4.1　一次设备工艺项目

（1）二次线缆走线应按设计施工，走线应整齐美观，不影响一次设备的使用。

（2）TA 的型号和安装必须符合标准，TA 的变比应与设计一致；抱箍式 TA 卡口安装应注意不能留有空隙，否则会影响到后期的电流测量准确度。

（3）TA 二次回路接线牢固可靠，应正确短接，严防 TA 开路，造成人身设备损伤。

（4）开关柜二次端子接线应与设计图纸一致，接线整洁、排列整齐。

（5）电缆挂牌标识清晰，线芯号与 DTU 侧相对应，并套有标识线芯功能的中文线号套。

2.4.2　DTU 工艺项目

（1）根据设计图纸，检查并核对装置配置及其安装位置是否与设计图纸一致；DTU 是否具备产品质量合格证、由国家级检测机构出具的型式试验报告，报告内容包括功能、性能、环境影响、绝缘性能、电磁兼容等试验项目。

（2）装置外观清洁、无明显的凹痕、裂缝、划伤、毛刺等，箱体密封良好，门、门锁、操作面板平整完好，箱门开关顺畅，门锁钥匙齐备。

（3）DTU 在显著位置设置不锈钢铭牌，铭牌固定良好，内容应包含 DTU 名称、型号、装置电源、操作电源、额定电压、额定电流、产品编号、制造日期及制造厂家名称等。

（4）DTU 箱体内设备和元器件安装牢固整齐，各插件紧固、无缺失，与背板总线接触良好，插拔方便。

（5）端子二次接线与设计图纸一致，接线应排列整齐、横平竖直，牢固无松动，并具备标示清晰的线路方向套，字迹应采用打印。

（6）电缆排列整齐有序，标牌填写清晰、悬挂平齐。

（7）DTU 设备电源相互独立；装置电源、通信电源、操作电源、交流电源、后备电源等各空气开关标示清晰、填写正确。

（8）现场接入间隔与设计图纸一致。

（9）出口压板标示清晰，接入间隔命名与现场一次设备一致。

（10）通信设备已完整安装，通信走线整齐美观，通信线路已接入并完成调试。

（11）终端设备及柜体接地正确，接地线应用 $6mm^2$ 多股接地线，电缆屏蔽层接地线采用不小于 $4mm^2$ 多股软线，要确保接地线接地。

（12）设备封堵良好，电缆口需要用防鼠泥封堵。

（13）设备卫生整洁干净，内外无残留杂物。

2.4.3 DTU 电气项目

（1）TV 或低压提供与电源模块电压等级相匹配的交流电源，蓄电池安装完好、电压合格，DTU 交流电源来源处低压柜对应空开/熔断器或 TV 低压空开须标识清晰。

（2）系统启动正常、运行灯显示正确，照明灯完好。

（3）各插件运作正常，各指示灯显示正确，软件版本和程序校验码符合要求。

（4）液晶显示面板显示良好，操作界面清晰，按键使用正常。

（5）ONU 显示正常，通道已调试完毕且通道畅通。

（6）装置失电时后备电源能够自动投切。

（7）接入间隔分合闸指示灯显示正确。

（8）远方就地切换正确。

（9）就地预制按钮操作成功，预制继电器、延时继电器工作正常。

（10）各间隔就地分合闸操作成功且遥信信号正确变位（在条件允许的情况下，用来检测遥控线/遥信线是否连接正确，开关柜电操是否能正常操作）。

2.4.4 站点验收卡的填写

每一个进行现场安装验收的站点，都需要通过验收卡仔细检查所有的验收项目，对于不合格或存在缺陷的项目需要一一记录，并告知相关人员（业主、施工方）进行整改，整改后再行复验。验收卡的内容如图 2-36 所示。

宁波市××区供电公司配电站（配电自动化终端部分）联调验收卡

站点名称：　　　　　　　　　　站点地址：
DTU 生产厂家：　　　　　　　　装置型号及配置：

一、外观及接线检查

检查项目	是否合格
1.装置配置是否与设计图纸一致	
2.装置外观外观清洁、无损坏，铭牌固定良好	
3.门、门锁、操作面板平整完好	
4.装置各插件紧固、无缺失	
5.DTU 电源接入方式，是否为双电源	
6.端子接线整洁、排列整齐，线路标示清晰	
7.电缆标牌填写清晰、悬挂规范合格	
8.各空气开关标示清晰、填写正确	
9.现场接入间隔是否与设计图一致（并记录）	
10.出口压板标示清晰，命名与现场是否一致	
11.终端设备及柜体接地正确	
12.设备封堵良好	
13.场地清理	

二、装置加电检查 现场调试

检查项目	是否合格
1.系统启动正常、运行灯显示正确	
2.各插件运作正常，各指示灯显示正确	
3.液晶显示面板显示良好，操作界面清晰	
4. IP，点号，保护定值设置完成	
5. 光缆熔接完毕、光纤通道已调试完毕、通道畅通	
6. 分合闸指示灯显示正确	
7. 远方就地切换正确	
8. 预制按钮操作成功	
9. 各间隔就地分合闸操作成功	
其他备注：	

参验人员（业主）签名：　　　　　　　　　参验人员（施工方）签名：

参验人员（厂家）签名：　　　　　　　　　参验人员（供电公司）签名：　　　　验收日期：

图 2-36　自动化终端设备验收卡

2.4.5 站点信息表的制作

经过安装验收的站点，验收合格之后需要制作相应的站点信息表并提交给自动化主站工作人员，为下一步的自动化"三遥"联调工作做好准备。

信息表的编制基本依据国家电力调度控制中心和省公司典型信息表规范要求，结合运行的实际需求及变电站设备情况进行适当调整。现场应根据信息表内容制定相应的信息接入对应表，信息接入必须严格按照信息表信息内容和信息接入对应表开展工作。

（1）封面。信息表封面示例如图 2-37 所示，封面的信息表编号原则为：开关站名＋电压等级＋年份＋年月日。

（2）远动信息参数配置表示例如图 2-38 所示。

××商业配电室DTU信息表	
转发名称：	open3200系统
厂站名称：	××商业配电室
系统型号：	NBXS-6001
集成厂家：	南瑞继保
编制单位：	××电力调控中心
信息表编号：	××商业配电室-01-2018-20180920
批　　准：	
审　　核：	
编　　制：	
日　　期：	2018年9月

图 2-37　信息表封面示例

××商业配电室远动通信参数配置表	
网络通道	
通信参数	××县调EMS系统
通信规约	IEC 60870-5-104
是否遥控	是
RTU104服务地址1	
RTU104服务地址2	
通信网关	
主站前置机地址	192.158.11.1
	192.158.11.2
端口号	2404
ASDU 地址	21
遥信起始地址	21H（33）
遥测起始地址	4001H（16385）
遥控起始地址	6001H（24577）
遥测上送方式	浮点数，实际值
校验方式	无校验
数传/四线通道	
通信参数	××县调EMS系统
通信规约	
是否遥控	
波特率	
ASDU 地址	
遥信起始地址	
遥测起始地址	
遥控起始地址	
遥测上送方式	
校验方式	

图 2-38　远动信息参数配置表示例

（3）遥测信息表示例如图 2-39 所示。

序号	信息对象地址		遥测信号	现场电气设备参数		放大比例	备注
	101(D)	104 (D)		TA变比(A)	TV变比(kV)		
							××商业配电室遥测信息表
1			DTU装置直流输入电压				1~5号分配给公用信号
2							
3							
4							
5							
6			I段母线,AB线电压		10/ 0.1		6~12分配给I段母线
7			I段母线,BC线电压		10/ 0.1		
8			I段母线,CA线电压		10/ 0.1		
9			I段母线,A相电压		10/ 0.1		
10			I段母线,B相电压		10/ 0.1		
11			I段母线,C相电压		10/ 0.1		
12							
13			II段母线,AB线电压		10/ 0.1		13~19分配给II段母线
14			II段母线,BC线电压		10/ 0.1		
15			II段母线,CA线电压		10/ 0.1		
16			II段母线,A相电压		10/ 0.1		
17			II段母线,B相电压		10/ 0.1		
18			II段母线,C相电压		10/ 0.1		
19							
20			××BA321线G01开关,A相电流	600/5			20~29为第一条线路遥测信号
21			××BA321线G01开关,B相电流	600/5			
22			××BA321线G01开关,C相电流	600/5			偏移量为10
23			××BA321线G01开关,有功				
24			××BA321线G01开关,无功				
25							
26							
27							
28							
29							
30			××BH380线G02开关,A相电流	600/5			30~39为第二条线路遥测信号,以此类推
31			××BH380线G02开关,B相电流	600/5			
32			××BH380线G02开关,C相电流	600/5			
33			××BH380线G02开关,有功				
34			××BH380线G02开关,无功				
35							
36							
37							
38							
39							
40			10kV1号母分G08开关,A相电流	600/5			
41			10kV1号母分G08开关,B相电流	600/5			
42			10kV1号母分G08开关,C相电流	600/5			
43			10kV1号母分G08开关,有功				
44			10kV1号母分G08开关,无功				
45							
46							
47							
48							
49							
50			10kV 2号母分G11开关,A相电流	600/5			
51			10kV 2号母分G11开关,B相电流	600/5			
52			10kV 2号母分G11开关,C相电流	600/5			
53			10kV 2号母分G11开关,有功				
54			10kV 2号母分G11开关,无功				
55							
56							
57							
58							
59							
60			××BH387线G17开关,A相电流	600/5			
61			××BH387线G17开关,B相电流	600/5			
62			××BH387线G17开关,C相电流	600/5			
63			××BH387线G17开关,有功				
64			××BH387线G17开关,无功				
65							
66							
67							
68							
69							
70			××BA322线G18开关,A相电流	600/5			
71			××BA322线G18开关,B相电流	600/5			
72			××BA322线G18开关,C相电流	600/5			
73			××BA322线G18开关,有功				
74			××BA322线G18开关,无功				

图 2-39　遥测信息表示例

（4）遥信信息表示例如图 2-40 所示。

××商业配电室遥信信息表

备注	点号	101(D)	104	间隔	调度主站信息描述	光字牌	信息分	SOE设置	极性
0～9号分配给公用信号	0YX			公用	电源模块故障	是	异常		
	1YX			公用	蓄电池输出电压异常	是	异常		
	2YX			公用	交流输入异常	是	异常		
	3YX			公用	DTU就地位置	是	告知		反极性
	4YX			公用					
	5YX			公用					
	6YX			公用					
	7YX			公用					
	8YX			公用					
	9YX			公用					
10～16号为第一条线路的信号	10YX			××BA321线G01	××BA321线G01开关合		变位	是	
	11YX			××BA321线G01	××BA321线G01开关分		变位	是	
偏移量为6	12YX			××BA321线G01	××BA321线G01接地闸刀		变位		
	13YX			××BA321线G01	备用				
	14YX			××BA321线G01	××BA321线G01测控装置控制切至就地位置	是	告知		反极性
	15YX			××BA321线G01	××BA321线G01过流保护动作	是	异常		
	16YX			××BA321线G01					
17～23号为第二条线路的信号	17YX			××BH380线G02	××BH380线G02开关合		变位	是	
	18YX			××BH380线G02	××BH380线G02开关分		变位	是	
	19YX			××BH380线G02	××BH380线G02接地闸刀		变位		
	20YX			××BH380线G02	备用				
	21YX			××BH380线G02	××BH380线G02测控装置控制切至就地位置	是	告知		反极性
	22YX			××BH380线G02	××BH380线G02过流保护动作	是	异常		
	23YX			××BH380线G02					
24～30	24YX			10kV1号母分G08	10kV1号母分G08开关合		变位	是	
	25YX			10kV1号母分G08	10kV1号母分G08开关分		变位	是	
	26YX			10kV1号母分G08	10kV1号母分G08接地闸刀		变位		
	27YX			10kV1号母分G08	备用				
	28YX			10kV1号母分G08	10kV1号母分G08测控装置控制切至就地位置	是	告知		反极性
	29YX			10kV1号母分G08	10kV1号母分G08过流保护动作	是	异常		
	30YX			10kV1号母分G08					
	31YX			10kV2号母分G11	10kV2号母分G11开关合		变位	是	
	32YX			10kV2号母分G11	10kV2号母分G11开关分		变位	是	
	33YX			10kV2号母分G11	10kV2号母分G11接地闸刀		变位		
	34YX			10kV2号母分G11	备用				
	35YX			10kV2号母分G11	10kV2号母分G11测控装置控制切至就地位置	是	告知		反极性
	36YX			10kV2号母分G11	10kV2号母分G11过流保护动作	是	异常		
	37YX			10kV2号母分G11					
	38YX			滨茂BH387线G17	××BH387线G17开关合		变位	是	
	39YX			滨茂BH387线G17	××BH387线G17开关分		变位	是	
	40YX			滨茂BH387线G17	××BH387线G17接地闸刀		变位		
	41YX			滨茂BH387线G17	备用				
	42YX			滨茂BH387线G17	××BH387线G17测控装置控制切至就地位置	是	告知		反极性
	43YX			滨茂BH387线G17	××BH387线G17过流保护动作	是	异常		
	44YX			滨茂BH387线G17					

图 2-40　遥信信息表示例

（5）遥控信息表示例如图 2-41 所示。

序号	信息对象地址		遥控对象	性质	备注
	101（D）	104（D）			
0			××BA321线G01开关	合/分	遥控点号不要预留备用
1			××BH380线G02开关	合/分	
2			10kV 1号母分G08开关	合/分	
3			10kV 2号母分G11开关	合/分	
4			××BH387线G17开关	合/分	
5			××BA322线G18开关	合/分	
	基于非对称密钥技术的单向认证，调度数字证书暂时不考虑，但需做好后期增加调度数据证书加密解密的准备，调度端软加密，厂站端可以软解密也可以硬解密				

图 2-41 遥控信息表

注意：所有遥测、遥信、遥控信号中，线路排列顺序必须一致。

2.5 故 障 排 查

2.5.1 遥测故障排查

2.5.1.1 前期准备

故障排查前需要准备好所需材料，如表 2-3 所列。

表 2-3   准 备 材 料

图纸	DTU 出厂图纸、环网柜二次回路图纸
工具	万用表、网线、一字螺丝刀、十字螺丝刀、剥线钳、继保仪、电流端子短接线、绝缘胶布等
备品备件	短接线、电流端子排、电流互感器、核心单元插件等（需根据实际情况选择）

在开工前还需要做好现场安全措施，主要分为两种情况：

（1）需停电排故的工作（例如 TA 消缺更换等）：该类故障需要开具配电线路第一种工作票，主要安全措施包括：

1）TA 消缺，线路两侧改为检修状态；

2）相关围栏及标示牌，例如在工作间隔周围邻近带电设备悬挂"止步，高压危险"标识牌，在工作间隔悬挂"禁止合闸，有人工作"标识牌，在工作地点放置"在此工作"标识牌等。

（2）不需停电排故的工作（例如开关柜或自动化设备二次侧故障，电源故障等）：该类故障需要开具配电线路第二种工作票，设备可保持运行状态，主要安全措施如下：

1）防止误碰、误接线导致设备误动作；

2）防止 TV 二次路短路，TA 二次侧开路；

3）相关围栏及标示牌，例如在消缺的开关和自动化设备两侧装设围栏，并朝内侧挂

"止步，高压危险"标示牌，在工作地点放"在此工作"标示牌等。

2.5.1.2 典型案例

遥测回路出现的故障情况可以分为两类：一是遥测回路断线，即主站无法接收到设备回传的遥测数值，存在应有数值的地方显示为 0 的状况；二是遥测回路测量数值不准确，即主站虽然有显示遥测数值，但是显示的数值与现场实际值不符，造成遥测量偏差。

常见遥测故障、原因及排故方法如表 2-4 所示。

表 2-4　　　　　　　　　　　常见遥测故障、原因及排故方法

故障现象	故障原因	具体原因	排故方法	备注
遥测值不准确	DTU 参数设置不准确	变比设置错误	正确设置变比	需参照统一规定进行参数设置
		门槛值过高	按规定设置门槛值	
		死区值过大	按规定设置死区值	
		计算方式错误	正确设置软件计算方式	
		采样方式设置错误	按现场实际设置采样方式	
		校验不准确	重新进行校验	
	TA 安装缺陷	TA 未抱紧有缝隙	重新安装 TA	需停电
		TA 极性不一致	更换接线极性	
	TA 装置缺陷	精度不符合要求	更换 TA	
		变比不符合要求	更换 TA	
	DTU 板件损坏	板件损坏无法测量	更换板件	需断开 TV 空开，短接 TA 二次接线
	遥测回路缺陷	相间短路	拆除造成短路的接线	
		相间分流	拆除造成分流的接线	
		回路接地	拆除造成接地的接线	
		相序接错	按正确相序接线	
		接线方式错误	按图纸接线	

下面通过案例对遥测回路断线具体分析。

【案例】遥测回路断线

当主站发生某遥测点位数值显示为 0 或基本为 0（可能存在零漂）的情况时，排除主站端可能出现数据处理或显示故障的情况后，即可判断该站点对应的终端设备出现了遥测故障，需要及时进行消缺处理。消缺人员到故障现场做好安全措施和工作交底后，可按以下步骤进行现场消缺。

第一步，排除软件故障和通信故障。先使用对应终端型号的维护软件与终端维护网口连接，读取终端的所有参数和遥测值实时情况，查看读数是否显示正常、参数配置是

否正确，如图 2-42 所示。若发现参数错误即行改正；若显示实时遥测值正常即判断为终端通信问题，可通过检查网络配置与网口连接状态进行解决；若实时遥测值显示和主站故障现象一致，则判断为硬件问题，进行下一步排查工作。

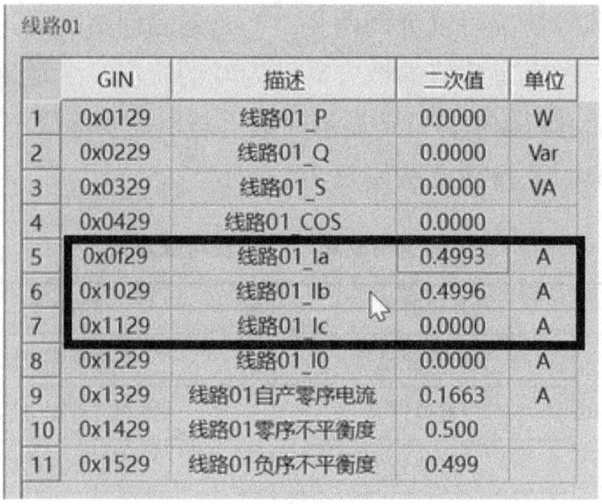

线路01

	GIN	描述	二次值	单位
1	0x0129	线路01_P	0.0000	W
2	0x0229	线路01_Q	0.0000	Var
3	0x0329	线路01_S	0.0000	VA
4	0x0429	线路01_COS	0.0000	
5	0x0f29	线路01_Ia	0.4993	A
6	0x1029	线路01_Ib	0.4996	A
7	0x1129	线路01_Ic	0.0000	A
8	0x1229	线路01_I0	0.0000	A
9	0x1329	线路01自产零序电流	0.1663	A
10	0x1429	线路01零序不平衡度	0.500	
11	0x1529	线路01负序不平衡度	0.499	

图 2-42　调试软件查看遥测电流

第二步，检查遥测回路是否存在断线或短路情况。若电流显示为 0，则使用钳形电流表从 TA 二次侧端子排接线处起向终端侧逐条接线依次测量，找到从显示有电流到显示无电流的两个测量位置，其间即为电流短路故障发生范围，可能存在短接片未拆除、存在异物或接线错误造成短路等情况（如图 2-43 所示），进行仔细查看后即可进行排除。注意此项工作必须将 TA 侧接线短接，以保证人员安全。

图 2-43　电流短接片未拆除

若以上步骤中对应相测量都为 0，则测量 TA 二次侧接线短接后的 TA 侧接线，若为 0，则判断故障发生在 TA 本身或 TA 一次仓内的接线处，需将线路两侧开关改为检修后对其进行排查；若不为 0，则之前回路存在断线，断开背板处和 TA 二次侧端子排对侧处相应相的电流接线，使用万用表进行通断测量，找到断点，可能存在虚接、端子排划片划开、接线错误等情况。

第三步，若电压显示为 0，则先将测量电压对应的空气开关拉开，使用万用表通断档逐相对从终端背板侧电压接线处到空气开关终端侧端子接线处的回路进行通断检查（见图 2-44）。若存在断点则进行故障排除；若该部分不存在断点，则仔细检查背板接线处和电压空气开关 TV 侧处接线是否正常，若存在虚接则进行排除。最后对 DTU 电压端子侧进行加压，若电压仍不显示，则判断为终端测量板件出现故障需进行更换；若电压显示正常，则判断为 TV 一次仓接线或 TV 设备出现故障，待停电后进行排查即可。

2.5.1.3　要点及注意事项

在遥测回路的排查过程中，往往涉及设备为运行状态，此时需特别注意做好电流互感器防开路和电压互感器防短路的措施，在排查电流故障点时，先用钳形电流表进行测量，确定故障点区段，再进行进一步排查，可提高故障排查效率。电压回路可先在背板电压接线处测量电压，进行故障分段，再进一步确认故障是在板件、软件侧还是在 DTU、柜子的接线侧。故障排查过程中，可通过观察故障电流特征先行判断故障类型，再进行相应的排查工作，以提高效率。

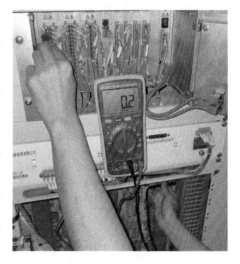

图 2-44　万用表测量电压

2.5.2　遥信电路故障排查

2.5.2.1　前期准备

故障排查前需要准备好所需要材料，如表 2-5 所列。

表 2-5　　　　　　　　　　　　　　　准 备 物 品

图纸	DTU 出厂图纸、环网柜二次回路图纸
工具	万用表、网线、一字螺丝刀、十字螺丝刀、剥线钳、端子排、电流端子短接线、绝缘胶布等
备品备件	直流空开、熔丝、微动开关、按钮、继电器、电操机构、航插、电源模块、核心单元插件等（需根据实际情况选择）

在开工前还需要做好现场安全措施，主要分为两种情况：

（1）需停电排故的工作，例如检修电动操作机构等，该类故障需要开具配电线路第一种工作票，主要安全措施如下：

1）电动机构消缺，线路两侧改为热备用；

2）相关围栏及标识牌，例如在工作间隔周围邻近带电设备悬挂"止步，高压危险"标识牌，在工作间隔悬挂"在此工作"标识牌等。

（2）不需停电排故的工作，例如开关柜或自动化设备二次侧故障，电源故障等，该类故障需要开具配电线路第二种工作票，设备可保持运行状态，主要安全措施如下：

1）防止误碰、误接线导致设备误动作；

2）防止 TV 二次路短路，TA 二次侧开路；

3）相关围栏及标示牌，例如在消缺的开关和自动化设备两侧装设围栏，并朝内侧挂"止步，高压危险"标示牌，在工作地点放"在此工作"标示牌等。

2.5.2.2　典型案例

遥信电路故障一般分为三种情况：①环网柜内电动操作机构上送遥信错误；②DTU 内部遥信回路故障；③DTU 软件参数故障。下面针对这三种情况进行分析。

一、环网柜电动操动机构上送遥信错误

DTU 的分位、合位、接地位遥信信号，均由环网柜内电动操动机构的微动开关上送。环网柜遥信故障及原因如表 2-6 所示。

表 2-6　　　　　　　　　　　常见环网柜遥信故障及原因

现象	故障分类	故障可能原因
环网柜电动操动机构遥信上送错误	电动操动机构微动开关故障	受运行时间和环境影响，微动开关分、合失效
		由于凝露受潮，微动开关所有节点短路
		由于开关分合时产生振动，微动开关接头处脱落
		微动开关质量问题
	电动机构遥信接线端子排故障	由于凝露受潮，遥信端子排短路
		由于开关分合时产生振动，遥信端子排接线处脱落
		施工时，端子排错接线

由于本章节重点介绍 DTU 遥信电路排查，我们这里对环网柜电动操动机构部分不再进行详细介绍。

二、DTU 软件参数故障

DTU 软件参数故障会导致主站接收不到或者接收到错误的遥信，软件参数故障可能有以下几种情况：

（1）遥信点表错误，如点表序号错误、遥信起始地址错误、某信号取负极性"－1"等。

排查方法：认真核对主站与终端的三遥转发表。

（2）遥信防抖时间、遥信返回模式等参数设置错误。

排查方法：遥信防抖时间为200ms或同一量级，时间过短或过长均不合适，遥信其他参数应依据该型号的说明书进行设置。

三、DTU内部的遥信回路故障（以南瑞科技PDZ922遮蔽立式三遥DTU为例）

DTU内部的遥信回路由遥信电源、二次小线、DTU的分合位指示灯、DTU装置的遥信板件组成。DTU遥信故障及原因如表2-7所示。

表2-7　　　　　　　　　　　　　　常见DTU遥信故障及原因

现象	分类	故障可能原因
DTU遥信显示不正常	DTU遥信电源故障	DTU电源模块故障，24V遥信电源未输出
		遥信电源接线端子虚接或松动
	DTU遥信回路元器件故障	操作面板上合位、分位灯故障
		遥信回路各元器件的接线端子虚接或松动
		DTU核心单元遥信板卡故障

针对上述故障原因，以下通过几个案例说明。

【案例一】 DTU电源模块故障，导致24V遥信电源未输出

如图2-45所示，遥信电源24V由电源模块将外部输入的AC220V转变为DC24V，当电源模块4n发生故障时，遥信电源没有输出，则此时DTU采集不到任何遥信信号。

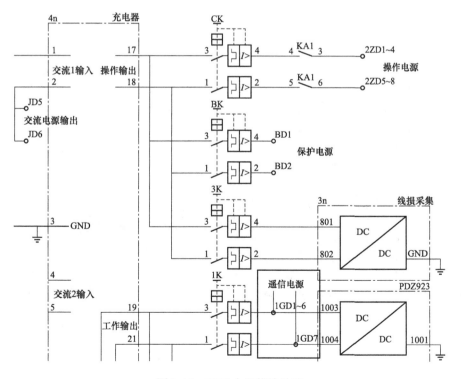

图2-45　DTU电源模块故障

排查方法：检查电源模块 DC24V 输出，如果无 24V 输出则需要更换电源模块。

【案例二】遥信电源接线端子虚接或松动

如图 2-46 所示，遥信电源端子汇集了所有线路的遥信公共端，任意一根线虚接或者松动会造成对应线路遥信位置不上送。例如 3CH10 线头虚接会造成 DTU 无法采集到第三路遥信，1K-2 线头虚接则会造成所有间隔遥信无法上送。

	1GD 1n遥信电源转接		
	下侧		上侧
遥信电源内部转接	1CH10,2CH10	1	1K-4,1n1603
遥信公共端	3CH10,4CH10	2	4n-7,YA-23
	5CH10,6CH10	3	1SA-1,KG2-2
	7CH10,8CH10	4	
		5	
		6	
遥信电源内部转接	1K-2,1n1604	7	1HA-X2

图 2-46　遥信电源接线端子

排查方法：需要核对图纸仔细检查回路，并重新拧紧对应的端子排螺钉。

【案例三】操作面板上合位、分位灯及装置遥信板件故障

如图 2-47（a）所示，当遥信电路中的元器件分合位灯损坏时，会导致 DTU 操作面板［图 2-47（b）］无法正确显示开关状态。当 BIO 遥信板件损坏时，会导致主站无法接收到 DTU 上送的遥信量。

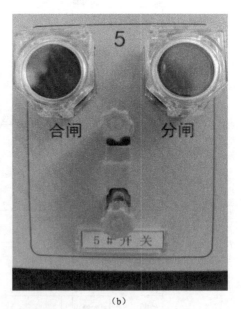

（a）

（b）

图 2-47　DTU 板件及操作面板

（a）DTU 板件；（b）DTU 操作面板图

排查方法：根据图纸检查相应的元器件，更换损坏元器件。

【案例四】遥信电路中各元器件的连接处虚接或松动

如图 2-48 所示,在遥信电路中每个元器件之间都是通过二次小线进行连接,每个连接点都可能成为一个故障点,不同部位的连接处虚接或松动会影响对应的遥信量上送。

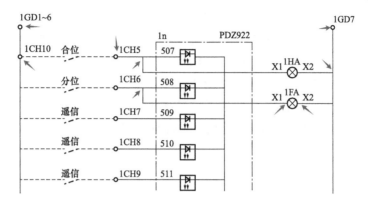

图 2-48 遥信回路

排查方法:需要根据 DTU 图纸,对每个遥信电路涉及的连接点进行逐一排查。

2.5.2.3 要点及注意事项

在遥信回路排查过程中,应注意 DTU 低压电源,正确使用万用表的电压档及蜂鸣档;在有电源的情况下,严禁使用蜂鸣档去测量二次回路通断或进行拆接线工作。排查过程中以分段排除法来确认并缩小故障范围,例如先用万用表测量航空插头至电动机构侧分合遥信上送是否正常,确定故障范围,以免产生干扰。

2.5.3 遥控故障排查

2.5.3.1 前期准备

故障排查前需要准备好所需材料,如表 2-8 所列。

表 2-8   准 备 物 品

图纸	DTU 出厂图纸、工程竣工图纸
工具	万用表、钳形电流表、笔记本电脑(装有对应 DTU 维护程序)、网线、一字螺丝刀、十字螺丝刀、剥线钳、端子排、电流端子短接线、绝缘胶布等
备品备件	直流空开、熔丝、微动开关、按钮、继电器、电操机构、航插、电源模块、ONU、核心单元插件等(需根据实际情况选择)

在开工前还需要做好现场安全措施,主要分为两种情况:

(1)需停电排故的工作,例如更换电动操作机构等,该类故障需要开具配电线路第一种工作票,主要安全措施如下:

1）消缺设备状态，配合停电设备状态，一般线路两侧改为热备用状态；

2）相关围栏及标示牌，例如在消缺的开关两侧装设围栏，并朝内侧挂"止步，高压危险"标示牌，围栏开口处挂"从此进出"标示牌，在工作地点放"在此工作"标示牌等。

（2）不需停电排故的工作，例如开关柜或自动化设备二次侧故障，电源故障等，该类故障需要开具配电线路第二种工作票，设备可保持运行状态，主要安全措施如下：

1）防止误碰、误接线导致设备误动作；

2）防止 TV 二次路短路，TA 二次侧开路；

3）相关围栏及标示牌，例如在消缺的开关和自动化设备两侧装设围栏，并朝内侧挂"止步，高压危险"标示牌，围栏开口处挂"从此进出"标示牌，在工作地点放"在此工作"标示牌等。

2.5.3.2 典型案例

遥控电路故障一般存在两种现象：一是主站遥控预置失败；二是主站遥控预置成功并执行成功，但操作失败。下面针对这两种现象进行分析。

1. 主站遥控预置失败

主站遥控一般存在逻辑闭锁，当主站收到的 DTU 远方就地位置不在远方或主站收到的对应间隔分合位遥信无效，主站遥控会预置失败。故障原因见表 2-9。

表 2-9 主站遥控预置失败原因

现象	分类	故障可能原因
主站遥控预置失败	DTU 远方就地位置不在远方	现场 DTU 远方就地把手未切至远方位置
		现场 DTU 远方就地把手在远方位置，但上送的点号被取反
		转发表的远方遥信点号配置错误
		主站点表配置错误
		DTU 远方就地把手损坏
		DTU 远方就地把手上接线错误
		核心单元上对应的远方遥信线出现虚接
		遥信开入板损坏
		遥信公共端虚接或无遥信正负电源
	主站收到的对应间隔分合位遥信无效	上送的遥信点表配置错误
		上送的遥信点在转发表内被取反
		主站点表配置错误，导致遥信错位
		分合位短接导致分合位遥信均为 1
		分合遥信线接错、虚接
		遥信公共端虚接，导致无遥信
		DTU 其他配置错误

在硬件上的遥信问题可根据上一节遥信电路故障排查而排查出对应故障。

关于 DTU 参数配置，除了转发表以外，不同厂家的设备还会有一些个性配置。以南瑞 PDZ920 为例，软件中有开关的起始遥信号及把手 01 遥信号的参数设置。在使用双点遥信上送主站时，开关的起始遥信号配置错误，会导致上送主站的位置出现问题。另外一个参数把手 01 遥信号，把手 01 遥信号定义为 DTU 遥控逻辑种的远方关联点号，若配置错误会使得程序内部判断的 DTU 远方就地把手位置错误，从而导致预置失败。

2. 主站遥控预置成功，执行成功，但操作失败（以南瑞 PDZ920 遮蔽立式三遥 DTU 为例）

此类情况存在的原因较多，大致可分为设备状态不满足遥控条件、操作电源故障、开关本体机构故障、开关柜处接线故障、连接电缆问题、DTU 内部接线故障、参数配置问题。

（1）设备状态不满足遥控条件。主要包括下列情况：

1）操作电源空开未合上，导致机构无操作电源，无法完成相应操作。

2）DTU 分合闸压板未投，DTU 收到遥控命令，正确开出但至所控开关的回路不通。

3）开关本体远方就地把手在就地位置，开关远方遥控回路不通。

4）开关柜内操作电源空开未合，此情况与第一条类似，均导致操动机构无电源。

5）开关本身闭锁使得无法分合闸，如 SF$_6$ 气压低闭锁、电气防误闭锁等。

（2）操作电源故障。当操作电源故障时，即使主站执行成功，由于无操作电源，开关也无法完成下发的操作命令。操作电源可以分为两种：一种是由直流屏、UPS 装置或开关柜直流电源模块供电，此类电源故障需检查相应供电装置是否正常，不正常的需更换相应的模块；另一种是由 DTU 供电，操作电源为 DC48V，操作电源回路图如图 2-49 所示。

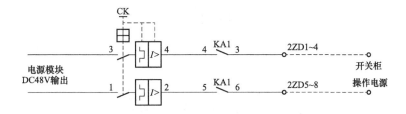

图 2-49 操作电源回路

通过预置接点（KA1 继电器的 3、4，5、6），用于无操作状态时闭锁操作电源输出（预置阶段预置接点 KA1 闭合，操作电源输出一定时间后 KA1 断开，操作电源断电，时间 30～120s 可设，默认为 60s；DTU 远方、就地、闭锁状态发生变化时，预置回路需复位，操作电源断电，预置重新计时；在 DTU 任何开关有变位信号时，预置回路延时复位，时间 0～60s 可设，默认 30s，操作电源断电，预置重新计时）。对于就地分/合闸操作，采用柜体预置按钮控制时间继电器实现预置接点功能；对于远方遥控分/合闸操作，采用 DTU 装置 DO 板上的独立开出接点控制时间继电器实现预置接点功能。预置回路如图 2-50 所示。

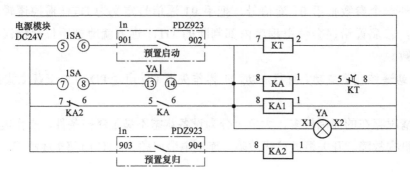

图 2-50 预置回路

图 2-50 中 KT 为时间继电器，时间可调节，一般默认设置为 60s，KA、KA1、KA2 为中间继电器，分别起预置自保持、操作电源供电、预置复归的作用。

下面介绍就地操作及远方操作的预置原理。

（1）就地预置时，流程图如图 2-51 所示。

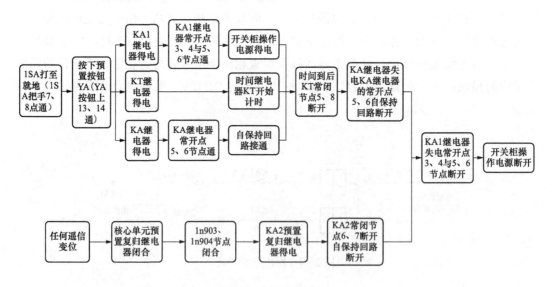

图 2-51 就地操作流程

（2）远方预置时，流程图如图 2-52 所示。

在预置时，若 KT、KA、KA1 任一继电器损坏，操作电源均无法正常供电。当操作时若遇到操作电源故障，可以按照图 2-53 所列流程来进行排查。

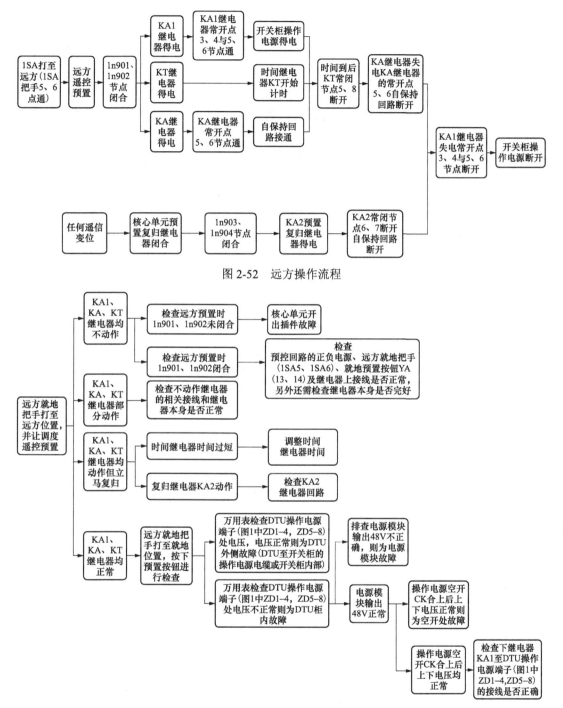

图 2-52　远方操作流程

图 2-53　操作电源故障排查流程

对于不使用 DTU 电源作为操作电源的情况，则需要根据使用的电源种类（AC220V、DC110V、DC220V 等）去检查母线 TV 柜内电源模块或直流屏的供电情况，并逐级去排查，找出故障点。

（3）环网柜本体故障。环网柜操作电源测量正常，遥控接线检查均正确，且远方及就地遥控在开关柜侧可以收到对应的分合闸脉冲信号（脉冲信号的时间即分合闸脉冲时间需符合要求，否则开关可能不会动作），则判断为环网柜本体操动机构故障。

此时需检查环网柜就地分合闸是否正常，若正常则故障出在开关操作电源端子＋KM、开关本体远方操作把手 SA 远方接点、遥控公共端子间；若不正常则为机构故障，需对操动机构进行检修。

环网柜电动机构常见的故障现象一般有四种情况，即不能分合、能合不能分、能分不能合、连续分合闸。下面结合施耐德 RM6 电动机构图纸（图 2-54）通过表 2-10 进行分析。

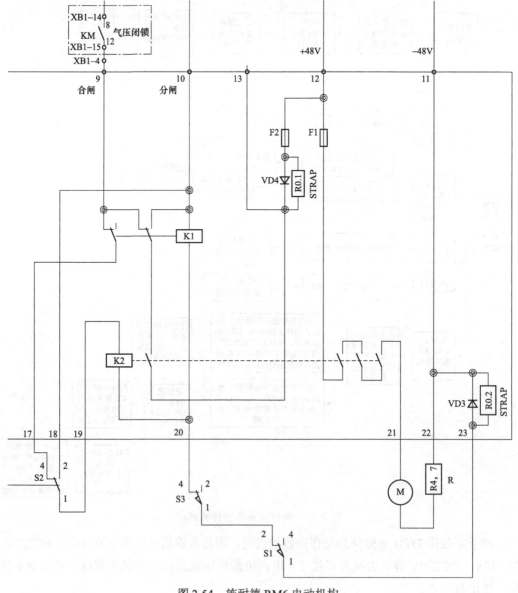

图 2-54　施耐德 RM6 电动机构

表 2-10　　　　　　　　　　　　　环网柜电动机构故障导致遥控故障原因

故障现象	故障可能原因
电动机构不能分合	存在"闭锁回路"节点断开，例如电缆仓门未关闭、开关处于接地位置、操作手柄仍插入在操作孔内、环网柜低气压告警动作等
	电机启动回路熔丝烧断，例如图 2-54 熔丝 F1 和 F2 烧断
	电动机构马达、继电器等元器件损坏，例如图 2-54 中 K1 继电器、M 电动机马达损坏
	二次小线接线虚接错接、微动开关损坏造成回路断开
电动机构能合不能分（由于合闸成功，假设继电器和电机马达都正常）	存在"闭锁回路"节点断开，例如操作手柄仍插入在操作孔内、环网柜低气压告警动作等
	由于开关传动机构卡涩，分闸时电流过大，导致电机启动回路熔丝烧断，例如图 2-54 中熔丝 F1 烧断
	分闸回路二次小线虚接错接
	微动开关 S2 损坏，S2.1 和 S2.2 之间不通
电动机构能分不能合（由于分闸成功，假设继电器和电机马达都正常）	存在"闭锁回路"节点断开，例如操作手柄仍插入在操作孔内、环网柜低气压告警动作等
	由于开关传动机构卡涩，合闸时电流过大，导致电机启动回路熔丝烧断，例如图中熔丝 F1 烧断
	电动机构内部板件或端子排短路，导致 K1 和 K2 同时得电，继电器之间产生相互闭锁效应
	合闸回路二次小线虚接错接
	微动开关 S2 损坏，S2.1 和 S2.4 之间不通
电动机构连续分合闸	K2 继电器或者继电器底座故障对应的管脚一直闭合
	微动开关 S2 损坏导致开关旋转到位后无法切断回路
	二次小线错接，导致微动开关 S2 失效

　　下面再通过两个真实案例对环网柜电动机构故障进行深入了解。

　　【案例一】××年×月×日下午，东区站 1#间隔缤东 97051 线发生开关自动分闸（无任何外部操作），导致用户大面积停电。根据事后勘查情况，东区站 1#柜为高压负荷柜，开关不具备保护跳闸功能，因此排除 1#柜负荷开关引起的跳闸。现场 DTU 一直未投运，航空插头拔出，排除 DTU 故障引起的误动作。因此大概率是 1#柜体内电动机构二次回路故障引起的电机误动作。

经现场消缺发现，由于东区开关站电缆沟内有较多积水，站内长期处于潮湿环境，而高压柜的二次回路及二次电器中并未采取防潮措施，使得部分继电器插头处有凝露，并伴有多处氧化、锈蚀现象，造成上下触头短路，如图 2-55 所示。

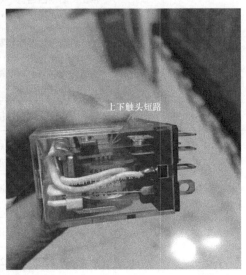

图 2-55　继电器故障

开关柜二次回路如图 2-56 所示，其中 RC 表示合闸指示继电器，RA 表示分闸指示继电器，QS 是气压指示继电器。RA 继电器中存在凝露，使得 1、5 两触点发生短路。由于该间隔电机使用常供 48V 电源，未使用预控电源，根据二次电路图 2-60 分析，1、5 闭合后 RA 继电器得电，使得分闸控制回路导通，电动机随即启动将 1# 间隔负荷开关拉开。

【案例二】××年×月×日上午，浪潮变出线浪潮 054 线发生事故跳闸，故障范围确定在浪潮变与白鹭站之间，10 时 58 分调度对白鹭站 8# 间隔 10kV 浪潮 054 线进行遥控分闸操作，主站显示遥控失败，随后抢修班去现场进行手动操作。由于白鹭站 8# 间隔 10kV 浪潮 054 线进行遥控分闸操作失败，导致故障隔离时间延长。

经现场消缺发现，白鹭站 8# 间隔 10kV 浪潮 054 线，在事故发生前两天刚经历过电缆搭头工作，电缆仓门重新开关过，施工人员在工作结束后未关闭电缆仓门到位，导致电动机构闭锁回路中的微动开关 S9 始终处于断开位置（如图 2-57、图 2-58 所示）。

2.5.3.3　要点及注意事项

在进行遥控故障排查时，首先需明确故障范围，可通过就地控制及远方遥控相结合，逐步缩小故障范围，确认到底是核心单元无开出，还是操作电源、预置回路、控制回路、参数配置的问题。

在排故过程中需注意，正确使用万用表的电压档及蜂鸣档，在有电源的情况下，严禁使用蜂鸣档去测量二次回路通断。排故过程中拆除的线需在二次作业卡中记录，接回时需进行核对，防止接错造成开关误动、电源回路短路等情况发生。

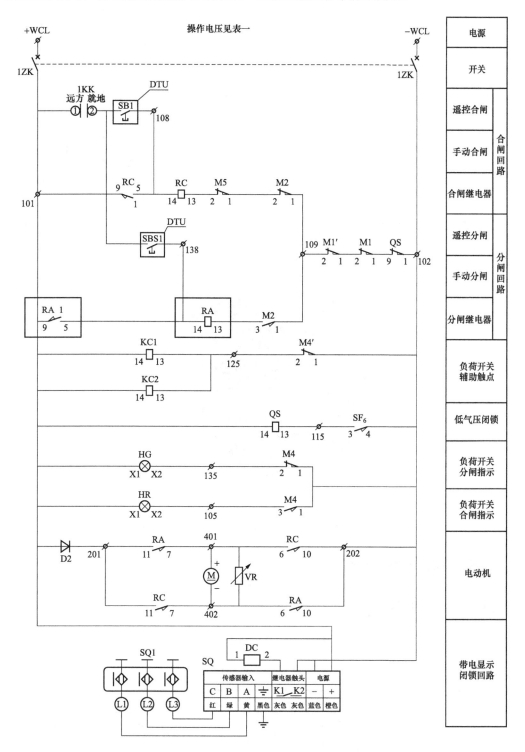

图 2-56 开关柜二次回路图

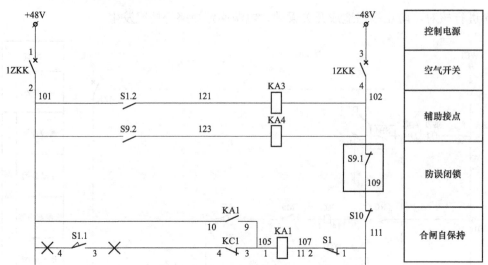

图 2-57　开关柜电动机构闭锁回路图

图 2-58　开关柜电动机构闭锁回路实物

2.5.4　电源回路故障排查

2.5.4.1　前期准备

故障排查前需要准备好所需材料，如表 2-11 所列。

表 2-11　　　　　　　　　　　　准 备 物 品

图纸	DTU 出厂图纸、工程竣工图纸
工具	万用表、钳形电流表、一字螺丝刀、十字螺丝刀、剥线钳、端子排、绝缘胶布等
备品备件	直流空开、熔丝、微动开关、按钮、继电器、电源模块、蓄电池组、2.5m² 电源线、1.5m² 电源线等（需根据实际情况选择）

在开工前还需要做好现场安全措施。电源回路排故不需要将一次设备停电,应开具配电线路第二种工作票,设备可保持运行状态,主要安全措施如下:

(1)防止误碰、误接线导致设备误动作。

(2)电源模块检修时,应防止交流短路、触电事故。

(3)拆、接电源回路线路时,应确保上级电源断开后进行。

(4)防止 TV 二次路短路,TA 二次侧开路。

(5)相关围栏及标示牌,例如在消缺的开关和自动化设备两侧装设围栏,并朝内侧挂"止步,高压危险"标示牌,围栏开口处挂"从此进出"标示牌,在工作地点放"在此工作"标示牌等。

2.5.4.2 典型案例(以南瑞 PDZ920 遮蔽立式三遥 DTU 为例)

电源回路故障按照故障定位分类,主要分为两大类,一是电源输入回路故障,二是电源输出回路故障。下面针对这两类故障进行分析。

1. 电源输入回路故障

DTU 电源输入回路主要有交流输入回路和电池输入回路两部分。输入回路若发生故障,DTU 会产生告警信号,告警原因见表 2-12。

表 2-12 　　　　　　　　　　　　输 入 回 路 故 障 原 因

故障	告警分类	告警原因
电源输入回路故障	电源切换告警	主供交流电失电,切换至备供交流电
	输入失电告警	两路交流电均失电
	电池欠压告警	电池组欠压

(1)电源切换告警。DTU 发生电源切换告警,是由于主供交流电失电,电源切换模块自动切换至备供交流电供电。如图 2-59 所示,交流电源 1 为主供电源,交流电源 2 为备供电源,正常情况下,两路 220V 交流电源通过 AK1、AK2 两个空开接至电源切换装置 J2,电源指示灯 ZS1 和 ZS2 常亮。

当交流电源 1 失电,J2 自动切换至交流电源 2 供电,J2 接至 1n 遥信的电源切换告警信号置位。若 DTU 交流无失电告警,则可以确定交流电源 1 失电。首先应观察 ZS1、ZS2 灯是否亮,AK1、AK2 空开是否合上,再确定一次设备是否失电,若输出交流电源 1 的 TV 柜所在母线失电,则交流电源 1 失电。若一次设备未失电,则用万用表交流电压档分别测量 J2-U1 和 J2-U1n 之间、AK1-2 和 AK1-4 之间、AK1-1 和 AK1-3 之间、1JD1 和 1JD2 之间是否有 AC220V 电压:

1)若 J2-U1 和 J2-U1n 之间无 AC220V 电压,AK1-2 和 AK1-4 之间有 AC220V 电压,则检查 AK1 接至 J2 的两根线以及接线端子;

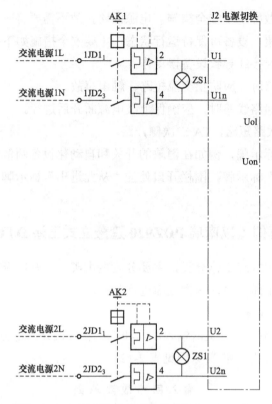

图 2-59　交流电源输入

2）若 J2-U1 和 J2-U1n 之间和 AK1-2 和 AK1-4 之间均无 AC220V 电压，而 AK1-1 和 AK1-3 之间有 AC220V 电压，则需要检查空开是否损坏；

3）若 J2-U1 和 J2-U1n 之间、AK1-2 和 AK1-4 之间、AK1-1 和 AK1-3 之间、1JD1 和 1JD2 之间均无 AC220V 电压，则需要检查 TV 柜接至 1JD 的两根电源线、接线端子 以及 TV 柜是否正常工作。

（2）输入失电告警。DTU 发生输入失电告警，是由于电源模块的交流输入电源失电，从而导致 4n 接至 1n 遥信的交流失电告警信号置位。交流失电有两种情况：一是主供和备供两路交流电均失电，故障排查方法与上一节一样，先确定一次设备是否失电，若一次设备未失电，则检查 TV 柜至切换装置 J2 之间的接线是否正常。二是一次设备均有电，且 J2-U1 和 J2-U1n、J2-U2 和 J2-U2n 之间测量均有 AC220V 电压，则故障点位于 J2 及 J2 至 4n 的接线上（如图 2-60 所示）：

1）若 4n-3 和 4n-4 之间无 AC220V 电压，3JD1-2 和 3JD3-4 之间有 AC220V 电压，则应该检查 3JD 接线端子至 4n 的两根电源线以及接线端子；

2）若 4n-3 和 4n-4 之间、3JD1-2 和 3JD3-4 之间均无 AC220V 电压，Uol 和 Uon 之间有 AC220V 电压，则检查 J2 接至 3JD 的两根线以及接线端子；

3）若 4n-3 和 4n-4 之间、3JD1-2 和 3JD3-4 之间、Uol 和 Uon 之间均无 AC220V 电

压，而 J2 的两路交流输入电均正常，则可判定 J2 电源切换装置故障。

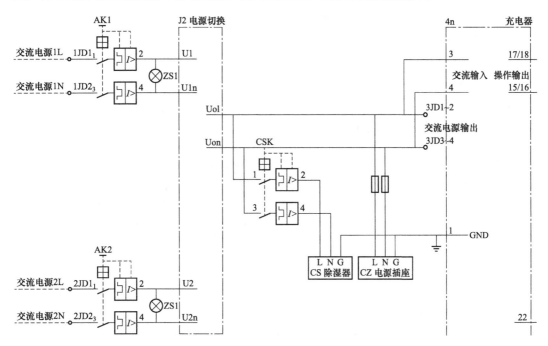

图 2-60　交流输入至充电器模块回路

（3）电池欠压告警。DTU 发生电池欠压告警，是由于电源模块的蓄电池直流输入电源失电，从而导致 4n 接至 1n 遥信的电池欠压告警信号置位。电池欠压主要是蓄电池接至 4n 电池模块 4n-19 与 4n-20 之间的 DC48V 电源失电。蓄电池回路如图 2-61 所示，首先应检查空开 DK 是否断开，若空开未断开，应按照以下步骤进行检查：

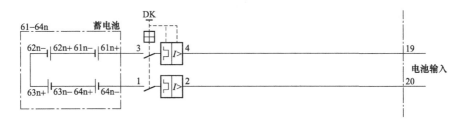

图 2-61　蓄电池回路

1）用万用表直流电压档测量电压，若 4n-19 与 4n-20 之间有 DC48V 电压，此时输入电压正常，则应检查 4n 电源模块是否正常；

2）若 4n-19 与 4n-20 之间无 DC48V 电压，DK-2 与 DK-4 之间有 DC48V 电压，则检查 DK 接至 4N 的两根线；

3）若 DK-2 与 DK-4 之间无 DC48V 电压，DK-1 与 DK-3 之间有 DC48V 电压，且空开合上，则应检查空开是否正常；

4）若 DK-1 与 DK-3 之间无 DC48V 电压，蓄电池 61n＋与 61n－之间有 DC48V 电压，则应检查蓄电池接至 DK 的两根线；

5）若蓄电池 61n＋与 61n－之间无 DC48V 电压，则应分别检查 4 个电池组是否串联正确或者蓄电池有无损坏。

2. 电源输出回路故障

DTU 柜内二次用电设备主要包括 DTU 终端、ONU、线损模块、除湿机、电操机构、保护装置等。故障分类及现象见表 2-13。

表 2-13　　　　　　　　　　　　　电源输出回路故障分类及现象

故障	分类	故障现象
电源模块输出故障	DC48V 输出故障	电操机构失电
		保护装置失电
		线损模块失电
	DC24V 输出故障	DTU 终端失电
		所有遥信全无
		ONU 设备失电
		遥控预置回路不动作

（1）电源模块 DC48V 输出故障。电源模块 DC48V 输出回路如图 2-62 所示，电源模块 4n 在输入电源正常的情况下，4n-15/16 与 4n-17/18 之间能够输出 DC48V 电压。

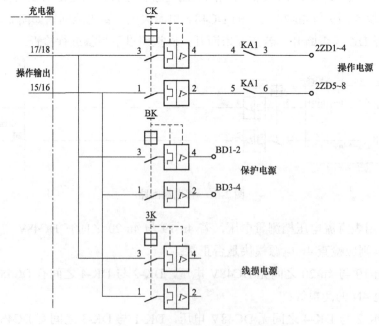

图 2-62　电源模块 DC48V 输出回路

DC48V 输出故障，现象主要有三类：①操作输出电源失电，使得电操机构无法得电，从而无法实现遥控功能；②保护电源失电，使得开关柜保护装置无法工作；③线损电源失电，使得线损模块无法工作。

首先应观察以上三类故障是否同时存在，若操作电源、保护电源、线损电源均失电，则首先应检查 4n-17 与 4n-18 之间是否正常输出 DC48V 电压；若 4n 电源模块交流输入和直流输入均正常，4n-17 与 4n-18 之间无 DC48V 电压，则应检查电池模块是否正常运行，运行指示灯是否正常，告警信号灯是否亮。

1）若仅无法实现遥控功能，则可参照 2.5.3.2 中操作电源故障的排查方法检查。

2）若仅是保护电源失电，且空开 BK 合上，则应用万用表直流电压档测量电压，若 BD1-2 与 BD3-4 之间有 DC48V 电压，则应检查保护装置是否故障；若 BD-1-2 与 BD-3-4 之间无 DC48V 电压，BK-2 与 BK-4 之间有 DC48V 电压，则应检查空开 BK 接至接线端子 BD 的两根线；若 BK-2 与 BK-4 之间无 DC48V 电压，BK-1 与 BK-3 之间有 DC48V 电压，则应检查空开 BK 是否正常；若 BK-1 与 BK-3 之间无 DC48V 电压，4n-15/16 与 4n-17/18 之间有 DC48V 电压，则应检查 4n 接至 BK 的两根线。

3）若仅是线损模块失电，排查方法与保护电源失电类似。

（2）电源模块 DC24V 输出故障。电源模块 DC24V 输出如图 2-63 所示，电源模块 4n 在输入电源正常的情况下，4n-21 与 4n-22 之间能够输出 DC24V 电压。工作输出电源回路故障，现象主要有四类：①DTU 终端失电，"三遥"及保护功能全部失效；②所有遥信全无；③ONU 设备失电，使得通信中断；④遥控预置回路不动作，操作电源无法输出，遥控无法实现。

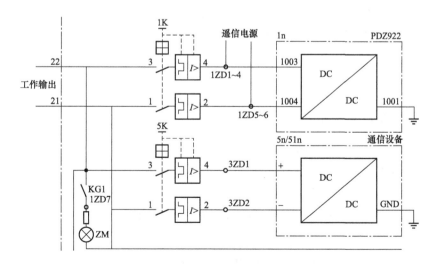

图 2-63　电源模块 DC24V 输出

首先应观察以上四类现象是否同时存在，若同时存在则应检查电源模块 4n-21 与

4n-22 之间是否存在 DC24V 电压，当 4n-21 与 4n-22 之间未输出 DC24V 电压，则应检查电源模块 4n 是否正常。

若仅 DTU 终端失电，且 1K 空开合上，则应用万用表直流电压档进行测量，若 DTU 终端 1n-1003 与 1n-1004 之间存在 DC24V 电压，则应检查核心单元电源板卡是否正常；若 DTU 终端 1n-1003 与 1n-1004 之间无 DC24V 电压，1ZD1-4 与 1ZD5-6 之间有 DC24V 电压，则应检查接线端子 1ZD 接至 1n 的两根线；若 1ZD1-4 与 1ZD5-6 之间无 DC24V 电压，1K-2 与 1K-4 之间有 DC24V 电压，则应检查空开 1K 接至接线端子 1ZD 的两根线；若 1K-2 与 1K-4 之间无 DC24V 电压，1K-1 与 1K-3 之间有 DC24V 电压，则应检查空开是否正常；若 1K-2 与 1K-4 之间无 DC24V 电压，4n-21 与 4n-22 之间有 DC24V 电压，则应检查电源模块 4n 接至空开 1K 的两根线。

若仅遥信全无，且 DTU 终端正常运行，则应检查 1ZD1-4 接至开关柜内遥信公共正电源线路。

若仅 ONU 设备失电，且空开 5K 合上，故障排查方法与上述步骤一样，分别用万用表直流电压档测量 5n＋与 5n－之间、3ZD1 与 3ZD2 之间、5K-2 与 5K-4 之间、5K-1 与 5K-3 之间、4n-21 与 4n-22 之间电压，确定故障点范围，再查找故障点。

若仅遥控预置回路不动作，则参考 2.5.3.2 中操作电源故障进行分析排查故障。

2.5.4.3 要点及注意事项

在进行电源回路故障排查时，首先需确定故障具体现象，观察各个设备、功能及相关回路是否失电，从而明确故障范围。

在排故过程中需注意，正确使用万用表的电压档及蜂鸣档，在有电源的情况下，严禁使用蜂鸣档去测量二次回路通断或进行拆接线工作。排故过程中拆除的线需在二次作业卡中记录，接回时需进行核对，防止接错造成开关误动、电源回路短路等情况发生。

2.5.5 通信故障排查

通信故障检查要求如图 2-64 所示。

站点通信终端按如下步骤进行排查：

（1）网管系统中察看状态：确认 ONU 运行方式下光功率是否正常；若光功率过小，考虑是光缆线路问题或 OLT 下联口问题、或 ONU 跳纤问题，可以尝试使用另一侧通道进行连接。

（2）网管系统中察看状态：确认 ONU 业务是否可以 ping 通；若 ONU 无法 ping 通考虑是 ONU 故障。

DTU 业务网口是否可以 ping 通；若无法 ping 通，考虑 DTU 的网线或 DTU 本体问题。

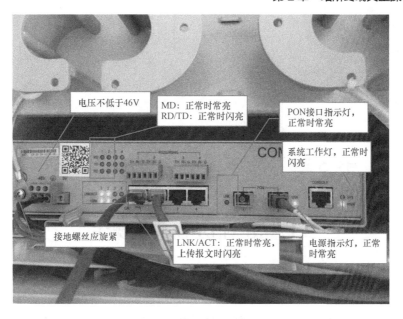

图 2-64　通信设备检查要求

第3章　馈线终端典型操作案例

3.1　故障指示器典型操作

3.1.1　故障指示器安装选点一般原则

（1）故障指示器优先安装在主干线上杆塔的大号侧（电源侧为小号侧，负荷侧为大号侧）如有安装智能开关的位置，则不需要再安装故障指示器。

（2）主干线首端（1～10#杆）须安装故障指示器，1～10#杆无法安装的，优先在第一个用户前安装一组，尽量靠近第一基杆塔主干线首端。

（3）故障指示器的安装位置原则距离间隔为1km左右或15基杆左右，要配合分段开关或耐张杆进行安装，安装在其后侧，以实现判断即可快速隔离；故障指示器能安装在开关出线侧的，尽量安装在开关出线侧。

（4）大分支线路首端须安装故障指示器，配合分支开关或分支跌落式熔断器安装，安装在其后侧，二级分支、三级分支以此类推。分支线是否安装视其线路长度、用户数量、故障频率等因素考虑。

（5）综合线路情况、交通情况、自然环境进行安装。

1）线路简单，交通情况良好，无复杂或较大分支的，可按照用户数（而不是线路长度2km）平均安装，如一些工业区的线路。

2）主线交通情况恶劣（道路、高山、密林）需要耗费大量巡视时间的、自然环境恶劣（多雷击、树木倒伏、竹林）故障易发的，可以在前后侧各装一组故障指示器，便于故障快速判断，减少故障巡视时间。

3）分支后侧所属区域交通情况恶劣（道路、高山、密林）需要耗费大量巡视时间的、自然环境恶劣（多雷击、树木倒伏、竹林）故障易发，可以在该分支前侧装一组故障指示器，便于故障快速判断，减少故障巡视时间。

（6）应避免安装在网络信号不佳或者是线路末端位置。

（7）对于混合网，应在其电缆线路上杆后1#杆安装或在进线电缆杆上安装。

3.1.2　拆装故障指示器及注意事项

安装前对安装场所进行实地勘察确认，测试现场通信质量是否良好，安装点是否便于安装；不合适的点位及时进行更新，按照选点原则重新选点。远传型故障指示器主要安装在架空线路的负荷侧，控制终端与采集器之间的距离保持在 5m 之内，以更好地保证数据的质量。

远传型故障指示器组成简单，其安装示意图及现场实物如图 3-1、图 3-2 所示。

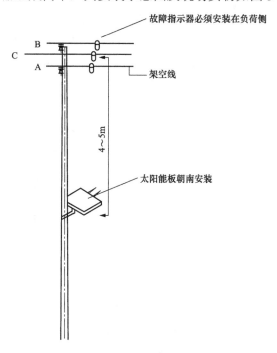

图 3-1　远传型故障指示器安装示意图

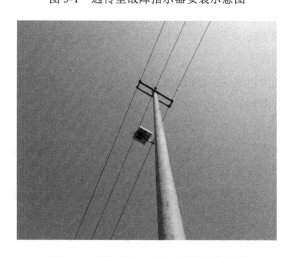

图 3-2　远传型故障指示器安装效果图

配电自动化终端运维典型案例

1. 指示器安装规范

安装工具包含托杯（架）、操纵杆连接头及操纵杆。

（1）核对图纸，确定安装地点，且安装地点有 GPRS 信号。

（2）核对控制终端和指示器编号的准确性。

图 3-3　令克棒

（3）准备并连接好令克棒（见图 3-3），将操作杆连接头安装在令克棒上，如图 3-4 所示。用左手握住转接头处，右手拿住托杯顶端，将托杯由外至里旋转，直至紧固并完成，如图 3-5 所示。操作杆与操作杆连接头均靠螺纹连接，并保证稳固，同时做好档案安装记录。

（4）将托杯的两个定位片斜面朝向托杯下端方向，可通过旋动旋转按钮使定位片斜面统一朝下，如图 3-6 所示。

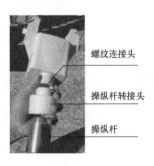

图 3-4　令克棒及安装托杯连接

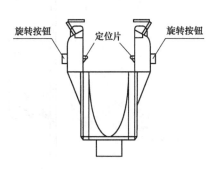

图 3-5　安装示意图

（5）将指示器放入托杯内，注意确保定位片顶住指示器边缘。将指示器装入托杯后，不可过于压紧托杯底部弹簧。

（6）先用起簧器钩住指示器的大压簧（注意两个压簧要有顺序，大压簧在上、小压簧在下，大压簧先勾），将钩住大压簧的起簧器向下旋转（或向下拉），并将大压簧翘起，同时将拉钩拨到能钩住大压簧为止。

（7）登杆并做好安全准备后，开始安装指示器。登杆施工人员尽量采用垂直方向动作，用装有指示器的绝缘操作棒将指示器对准配电线路用力向上推到相应相序的架空线路上。注意指示器距离绝缘子为 15～25cm，并保证指示器并排成行。

图 3-6　定位片朝向

（8）使指示器压力感应面压紧架空线，压簧便可自动扣住并卡紧架空线，弧形弹片自动闭合。在压簧夹住电线后利用操纵杆轻轻敲打确定压簧已夹紧后，拿走带有托架的操纵杆。

（9）用绝缘操作杆依次将指示器安装在相对应的相序上，完成指示器安装。

（10）若设备安装过程中出现错误，可先旋动托杯（套具）的旋转按钮，使定位片斜面方向统一朝上。登杆施工人员尽量采用垂直方向动作，用绝缘操作棒将空托杯对准挂接在线路上的指示器，用力向上推，托杯即可套住故障指示器，往下拉即可取下故障指示器。

2. 通信终端安装规范

架空型通信终端由 RF 天线、GPRS 天线、箱体、通信终端等部分组成。

通信终端安装配件包括横担、抱箍、紧固螺母。

（1）施工人员按下开关按钮，上电后观察信号灯，确认指示灯正常闪烁。

（2）施工人员做好爬杆准备，携带好扳手、吊绳、螺栓等工具及配件。

（3）登杆施工人员爬至电杆中部，即距离故障指示器 3～5m 处，且距离地面不得低于 4m，具体安装高度根据现场安装条件而定。

（4）将专用横担及抱箍用缆绳绑好，并检查是否绑紧。缓慢将其提至安装位置，按照横担上的标签指示接好锁紧，如图 3-7 所示。须保证太阳能板朝南，以充分吸收太阳能充电，方向可用指南针来判断。

（5）用缆绳将采集终端绑好，缓慢提升至横杆安装处，并将通信终端放入横担长端，与横担扣紧（见图 3-8），用螺栓从横担底部向上紧固（螺母已经焊在箱壳底部内侧），见图 3-9。

（6）检查确保箱壳底部的电源开关已经被横担压好。整理天线，将天线卡在指定的天线卡槽上，并检查天线螺纹连接处是否旋紧。

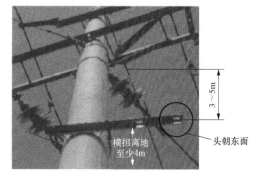

图 3-7 横担及抱箍的安装

图 3-8 通信终端与角钢连接并拉紧固定

图 3-9 螺栓向下紧固

3.1.3 故障指示器系统装接与调试

故障指示器在现场安装完成后，需要在配电自动化主站系统中进行系统装接与调试，从而实现主站系统与故障指示器之间的数据交换。故障指示器系统装接与调试的具体步骤如下：

（1）先将现场安装档案整理清楚，档案包括：供电所、线路名称、支线名称、杆塔信息、逻辑地址、A/B/C 三相条码地址及 SIM 卡信息，如图 3-10 所示。

供电所	线路名称	支线名称	杆塔信息	逻辑地址	A相地址	B相地址	C相地址	SIM卡号	SIM卡串号	SIM卡IP地址
南浔供电所	开发X54线	恒达富士支线	1#	50010320	50009546	50009547	50009548	1440111622261	89860411112180106132	171.87.174.134

图 3-10　故指档案

（2）故障指示器系统装接前首先要将配电自动化主站系统网站打开并登录，网址如下：http：//pdzdhzz.zj.sgcc.com.cn/PWSQZZ/#/login。

打开网站后，故障指示器系统装接前需要先将 SIM 卡入库，入库流程如下：点击右上角的"导航"，在"终端管理"一栏点击"SIM 卡管理"页面，打开后点击"模板下载"，会下载一个 Excel 表格，根据模板（见图 3-11）将 SIM 卡信息填上保存，打开左侧的组织树，双击单位后点击"模板导入"，将保存后的模板导入即可。

SIM卡号	通讯服务商(移动、联通、电信)	IP	sim卡串号
1440111622261	移动	171.87.174.134	89860411112180106132

图 3-11　SIM 卡模板

（3）SIM 卡导入后需要将故障指示器的逻辑地址、三相地址调配到所属供电所，打开"导航"，在"终端管理"一栏找到并点击"物料管理"，打开"物料管理"页面后，在"物料类型"中选择"故障指示器（架空）"，然后在设备条码处输入逻辑地址，点击"查询"，勾选查询结果，点击"单位调配"，勾选所属的供电所并点击确定。三相地址单位调配与逻辑地址除了在"物料类型"中选择"采集器（架空）"外，其余都是一致的。

（4）SIM 卡信息和物料调配完成后，就可以开始故障指示器的系统装接工作了。点击"导航"，在"终端管理"一栏打开"装置安装"页面，点击左侧中间处的扩展按钮，打开"组织树"页面，选择"查询"一栏，勾选"一次设备"，在"资源名称"一栏中输入线路名称并点击"查询"，右击查询到的结果，选择"定位"，系统自动跳到设备树后，点击此条线路左侧的"＋"号展开，再点击"杆塔"处的"＋"号，在当前线路杆塔下找到对应的杆塔，双击杆塔后，在"装置安装"页面点击"添加终端"，在"物料类型"处选择"故障指示器（架空）"，然后在"终端条码"处输入"逻辑地址"，点击"查询"，然后勾选查询到的逻辑地址后点击"添加"，然后点击"下一步"，在"SIM 卡号"一栏输入 SIM 卡号并点击"查询"后勾选查询到的 SIM 卡号，点击"下一步"，然后在"物料类型"一栏选择"采集器（架空）"，在终端条码处输入"A 相采集器地址"，点击"查询"后勾选查询结果，在"相位"处选择对应的相位，点击"添加"，A 相采集器地址添加完成后还需要添加 B、C 相采集器地址，在"终端条码"处输入"B/C 相采集器地址"，重复 A 相采集器地址添加的流程，等到三相地址添加完成后，再点击下一步跳到"装置安装"完成页面，核对供电所、线路名称、资源名称（杆塔信息）、逻辑地址、SIM卡号和三相地址是否有误，无误即可点击"完成"。

（5）装接完成后，此时系统里面仍然接收不到故障指示器的采集数据，因此也不会在故障发生时发出告警信息，还需要一步操作，即需要调试终端任务。"装置调试"流程如下：点击"导航"，在"终端管理"一栏找到并点击"装置调试"，打开"装置调试"页面，在"开始时间"和"结束时间"处选择当日安装时间，在"物料类型"处选择"故障指示器（架空）"，点击"查询"，在查询到的结果里根据"终端条码"（注：终端条码与逻辑地址的区别在于，终端条码除去最后一位的后八位即是逻辑地址，三相采集器地址与三相采集器条码也是一样）或者根据"终端名称"找到安装的故障指示器，点击右侧的"手动调试"按钮后待页面弹出调试成功，装接才全部完成。

3.1.4　故障指示器系统拆除

二次设备因运行时期到期、异常原因导致无法使用、配网网架调整等原因，需拆除更换新设备。设备拆除主要由各供电所单位自行安排，现场设备拆除后，需同步在四区主站执行拆除流程，该流程与设备安装流程类似。

故障指示器在四区系统发起拆回流程，设备在拆除后，会自动上送拓扑文件，四区系统接收终端上报信息后，将对应终端设备状态由运行状态变更为拆除状态。四区用户可在拆除设备查询模块对设备状态为"拆除"的设备进行查询。

3.1.5　故障指示器系统返厂

故障指示器拆除后需在"返厂设备管理"模块中对在拆除设备管理tab页中提出返厂申请的设备进行审批。

返厂申请人需在系统中对智能开关返厂提交审批，审批通过后，该（批）设备拆回状态由"返厂申请待审批"变更为"返厂维修"。

待返厂维修结束后，需在系统内进行设备重新入库操作。

3.1.6　故障指示器系统报废

故障指示器拆除后需在"报废设备管理"模块中对在拆除设备管理tab页中提出报废申请的设备进行审批。审批通过后，该（批）设备拆回状态由"报废申请待审批"变更为"报废"。

3.1.7　故障指示器告警逻辑

1. 短路故障检测原理

目前短路故障检测原理广泛采用电流突变法，如图3-12所示。通过检测配电线路的电流值出现一个突变增量，线路跳闸停电（电流为零），从而判定为线路短路故障发生。

该突变增量为一常量，或者在一定范围内是一个常量。

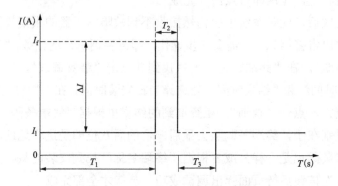

图 3-12　电流突变法检测原理图

I_1—负荷电流；I_f—故障电流；ΔI—故障跳变电流；T_1—充电时间；

T_2—故障电流持续时间；T_3—停电时间

2. 单相接地检测原理

无源法检测接地主要是检测线路在单相接地故障时的特征电流变化，如图 3-13 所示。接地辅助故障研判，通过录波原理或者小电流放大装置、故障指示器、主站系统多层综合研判，准确定位接地故障。图 3-14 为接地电场检测原理波形图。

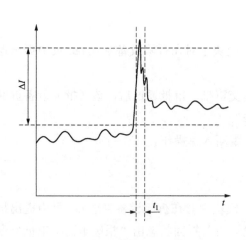

图 3-13　接地暂态电流

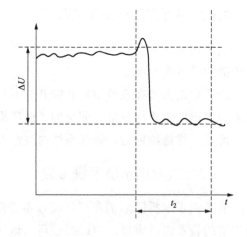

图 3-14　接地电场检测原理波形图

指示器短路告警判据如下：

（1）线路正常运行 15s 以上［目的：为了防止重合闸期间，非故障线路（分支）因重合闸涌流导致误动，增加了"充电判据"］；

（2）线路中有突变电流，并超过设定的短路故障告警电流值参数；

（3）告警电流持续时间超过设定的时间参数值；

（4）线路停电，即无流无压（目的：为了防止合闸涌流，采取了"停电判据"）。

3.1.8　利用故障指示器翻牌查找故障点

【案例一】

2020 年 11 月 23 日，10kV 南江 264 线（见图 3-15）于 05:25 保护动作，开关跳闸，重合失败。配电自动化主站系统中，配网故障研判显示，南江 264 线 3#、14#、33#、46# 杆新增故指短路告警，系统自动研判出故障点范围为 35kV 吕山变：南江 264 线 46# 与塘桥联线 1#、53# 之间，如图 3-16 所示。

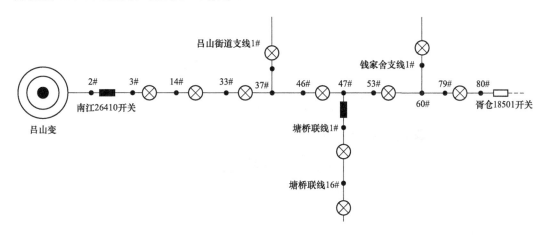

图 3-15　南江 264 线单线图

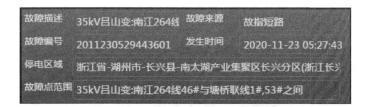

图 3-16　南江 264 线故障研判结果

线路运维人员在接收到故障信息的第一时间，应通过配电自动化主站系统再次人工研判故障范围，避免线路中存在故障的故障指示器，造成故障范围判断错误。首先应检查线路沿主干线电流方向最后一个告警的故障指示器，即 46# 故障指示器，从而确定故障点位于 46# 后段。其次检查沿主干线电流方向第一个未告警的故障指示器，即 53# 故障指示器，从而确定故障点位于 53# 前段；最后检查上述两个故障指示器中间的支线故障指示器，即塘桥联线 1#，从而确定故障点不在塘桥联线。检查故障指示器是否正常，主要通过查询故障指示器的报文、告警信息、采集数据来确定故障指示器采集、通信和告警均正常。本案例中，南江 264 线 46#、53#、塘桥联线 1#故障指示器均运行正常，故障范围确定位于 46#与塘桥联线 1#、53#之间。

【案例二】

2020 年 11 月 22 日 07:14，10kV 车站 206 线（见图 3-17）7#、21#故障指示器发生短路告警，配电自动化主站系统中，配网故障研判显示故障范围为 110kV 古城变：车站 206 线 21#与 25#之间，如图 3-18 所示。

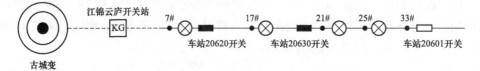

图 3-17　车站 206 线单线图

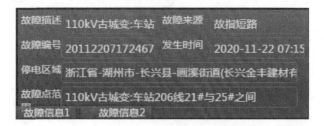

图 3-18　车站 206 线单线图

由于系统研判故障范围为 21#与 25#之间，因此首先检查 21#故障指示器是否正常，21#故障指示器报文、告警信息、采集数据均正常，因此，故障点肯定位于 21#后段。25#故障指示器由于在故障发生后才有登录报文上传，于 08:32 上传告警遥测报文（见图 3-19），说明在故障发生第一时间研判时，25#故障指示器并未正常运行，此外，17#故障

逻辑地址	接收时间	方向	长度	报文类型	报文内容	通信方式	
49643465	2020-11-22 09:16:08	上行	80	任务数据主动上送	68222268884357496465341501013 13233...	GPRS	10.
49643465	2020-11-22 09:16:06	上行	20	登录	10C9435749646534A916	GPRS	10.
49643465	2020-11-22 08:33:02	上行	60	告警遥信主动上行	68181868C34357496465341E0103313233...	GPRS	10.
49643465	2020-11-22 08:33:02	上行	102	告警遥测主动上行	682D2D68C34357496465340A060331323...	GPRS	10.
49643465	2020-11-22 08:32:09	上行	60	告警遥信主动上行	68181868C34357496465341E0103313233...	GPRS	10.
49643465	2020-11-22 08:32:07	上行	102	告警遥测主动上行	682D2D68C34357496465340A060331323...	GPRS	10.
49643465	2020-11-22 08:32:06	上行	60	告警遥信主动上行	68181868C34357496465341E0103313233...	GPRS	10.
49643465	2020-11-22 08:32:06	上行	102	告警遥测主动上行	682D2D68C34357496465340A060331323...	GPRS	10.
49643465	2020-11-22 08:32:04	上行	20	登录	10C9435749646534A916	GPRS	10.
49643465	2020-11-22 07:15:55	上行	20	登录	10C9435749646534A916	GPRS	10

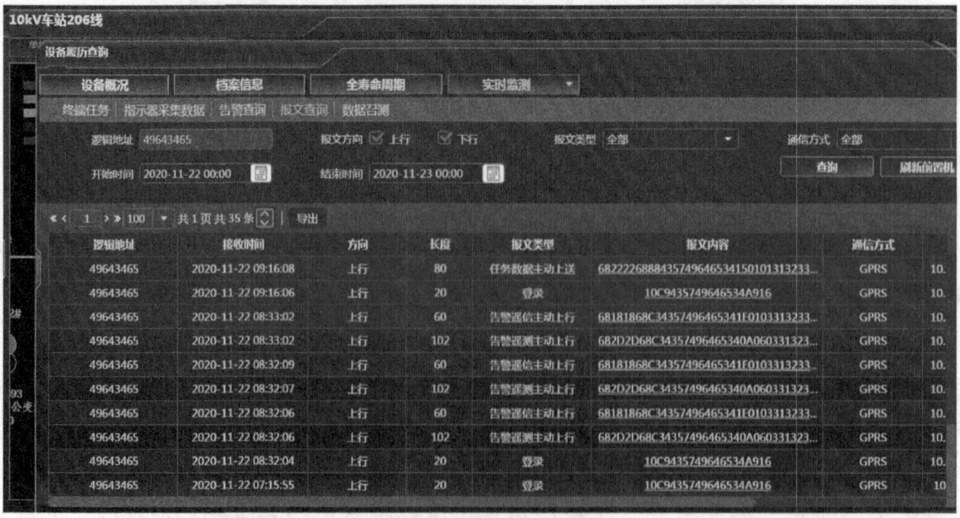

图 3-19　25#故障指示器报文

指示器虽然通信正常，但故障时三相采集电流均小于 5A，采集器未正常运行，因此未发
生告警。综上判断，故障点实际位于 25#杆后段，但故障发生时人工研判故障范围应为
21#后段。25#故障指示器告警信息如图 3-20 所示。

图 3-20　25#故障指示器告警信息

3.2　智能开关典型操作

3.2.1　智能开关安装选点一般原则

（1）较长的架空线路主线末端分段上安装智能开关。

（2）分支线的配变数量大于 3 台或分支线电杆数量大于 10 杆的分支线，建议在分
支线 1 号杆安装智能开关。

（3）需要有较强的通信信号，周围没有干扰源会影响手机通信的磁场或者其他
设备。

（4）电杆选择比较"干净"的，即没有安装其他设备、电线或树木遮挡干涉，方便
吊装施工、查看、维护。

3.2.2　停电及带电作业安装智能开关

3.2.2.1　安装前准备

1．现场查勘

安装前施工单位应对安装场所进行实地踏勘并确认：①测试现场通信质量是否良
好；②作业现场需要停电的范围、保留的带电部位和作业范围、条件、环境及其他危险
点；③对危险性、复杂性和困难程度较大的作业项目做专项施工方案，必须制定组织措
施、技术措施、安全措施并做好施工记录。

2. 材料准备

（1）安装材料清单见表 3-1。

表 3-1 安 装 材 料 清 单

序号	材料名称	型号规格	单位	数量	备注
1	智能开关		套	1	选配隔离开关
2	瓷横担绝缘子	RA2.5ET185L	只	4	
3	支柱式绝缘子	R5ET105L	只	3	
4	耐张串		套	3	
5	交流避雷器	HY5WS—17/50	只	6	
6	绝缘导线	JKLYJ—10/支线截面	m	16	设计选型
7	绝缘导线	JKLYJ—10/35	m	10	避雷器引流线
8	布电线	BV—50	m	10	接地引线
9	角铁横担	HD8—1900	块	2	
10	角铁横担	HD6—1500	块	2	
11	横担抱箍	HBG6—220	块	4	
12	挂线连铁	LT8—560G	块	2	
13	铜铝接线端子	DT—50（搪锡）	只	6	
14	铜铝接线端子	DLT—35（上下复合）	只	6	
15	铜铝接线端子	DLT—主线截面（上下复合）	只	6	设计选型
16	绝缘穿刺线夹	JJC/10—主线截面/支线截面	只	6	设计选型
17	绝缘穿刺线夹	JJC/10—支线截面/35	只	6	设计选型
18	螺栓	M16×110	只	4	
19	螺栓	M16×90	只	4	
20	螺栓	M16×45	只	13	
21	螺栓	M8×35	只	6	
22	接地装置	按接地模块选择	组	1	设计选型

注 实际数量、材料根据现场拆装利旧情况而定。

（2）个人安全防护用具见表 3-2。

表 3-2 个 人 安 全 防 护 用 具

序号	名 称	单位	数量
1	绝缘安全帽	顶/人	1
2	绝缘披肩（或绝缘服）	件	2
3	绝缘手套（带防护手套）	副	2
4	绝缘安全带	副	2
5	安全带	副	1

（3）带电作业绝缘遮蔽工具见表 3-3。

表 3-3　　　　　　　　　　带电作业绝缘遮蔽工具

序号	名　　称	单位	数量
1	绝缘毯	块	6
2	绝缘夹	只	若干
3	绝缘软管	根	9
4	导线遮蔽管	根	3

（4）带电作业器具见表 3-4。

表 3-4　　　　　　　　　　带 电 作 业 器 具

序号	名　　称	单位	数量
1	防潮垫	块	1
2	绝缘电阻测试仪	台	1
3	风速仪	只	1
4	温度、湿度计	只	1
5	对讲机	部	2
6	安全遮栏、安全围绳、标示牌	副	若干
7	干燥清洁布	块	若干

（5）带电作业绝缘工具见表 3-5。

表 3-5　　　　　　　　　　带 电 作 业 绝 缘 工 具

序号	名　　称	单位	数量
1	绝缘斗臂车	辆	1
2	绝缘吊绳	根	1
3	绝缘绳	根	1
4	绝缘绳套	根	2

（6）个人工器具见表 3-6。

表 3-6　　　　　　　　　　个 人 工 器 具

序号	名　　称	单位	数量
1	个人工具	套/人	1
2	电动扳手	把	1
3	断线剪	把	1
4	脚扣	副	1

3.2.2.2 安装方式

智能开关安装方式分为侧向安装和居中安装。

侧向安装如图 3-21 所示，居中安装如图 3-22 所示。

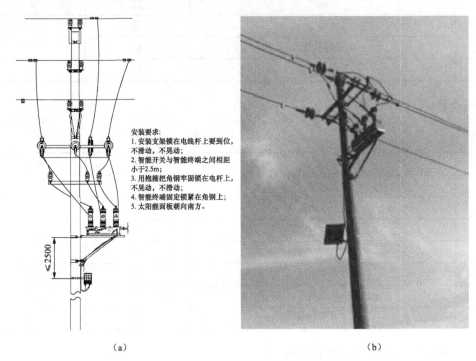

安装要求：
1. 安装支架锁在电线杆上要到位，不滑动，不晃动；
2. 智能开关与智能终端之间相距小于2.5m；
3. 用抱箍把角钢牢固锁在电杆上，不晃动，不滑动；
4. 智能终端固定锁紧在角钢上；
5. 太阳能面板朝向南方。

（a）   （b）

图 3-21 侧向安装示意图与实物效果图

（a）示意图；（b）实物图

3.2.2.3 停电安装智能开关

第一步：验电、挂地线

（1）验电前，宜在有电设备上进行试验，确认验电器良好。

（2）验电时，要遵守先验低压、再验高压，先验下层、再验上层，先验近侧、再验远侧的施工标准，设专人监护。

（3）挂地线时，要先挂低压、再挂高压，先挂下层、再挂上层，先挂近侧、再挂远侧，拆除时则次序相反。

（4）成套接地线应用有透明护套的多股软铜线组成，其截面积不得小于 25mm^2，同时应满足装设地点短路电流的要求，禁止使用其他导线做接地线。接地线应用专门的线夹固定在导体上，严禁用缠绕的方法进行接地或短路。

（5）装设接地线应先接接地端，后接导线端，接地线应接触良好，连接可靠。接地线的入地深度不小于 0.6m。

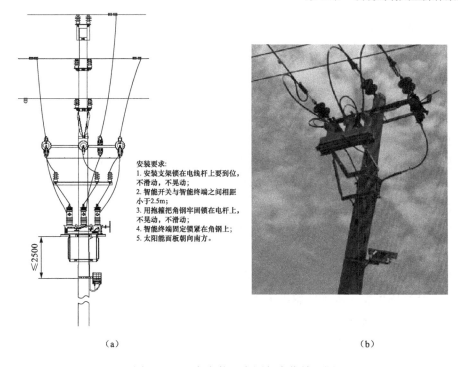

安装要求：
1. 安装支架锁在电线杆上要到位，不滑动，不晃动；
2. 智能开关与智能终端之间相距小于2.5m；
3. 用抱箍把角钢牢固锁在电杆上，不晃动，不滑动；
4. 智能终端固定锁紧在角钢上；
5. 太阳能面板朝向南方。

≤2500

（a）　　　　　　　　　（b）

图 3-22　正向安装示意图与实物效果图

（a）示意图；（b）实物图

第二步：组装金具

（1）安装金具前，应进行外观检查，且符合下列要求：①表面光洁，无裂纹、毛刺、飞边、砂眼、气泡等缺陷；②线夹转动灵活，与导线接触的表面光洁，螺杆与螺母配合紧密适当；③镀锌良好，无剥落、锈蚀。

（2）传递金具时应使用绳索，绑扎牢靠，防止碰搭脚扣。横担及槽钢安装应平整，安装偏差不应超过下列规定数值：横担端部上下歪斜不得超过 20mm；横担端部左右扭斜不得超过 20mm。

（3）以螺栓连接的构件应符合下列规定：①螺杆应与构件面垂直，螺头平面与构件间不应有空隙；②螺栓紧好后，螺杆丝扣露出的长度，单螺母不应小于 2 扣，双螺母可平扣，必须加垫圈者，每端垫圈不应超过 2 个。

第三步：附件安装

（1）安装避雷器时应先进行外观检查，有无碰伤、裂纹，开关应进行调试，松紧适度。传递金具时应使用绳索，防止碰伤硅胶。

（2）杆上避雷器的安装应符合下列规定：

1）绝缘子良好，瓷套与固定抱箍之间应加垫层；

2）安装牢固，排列整齐，高低一致；

3）与电气部分的连接不应使避雷器产生外加应力；

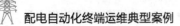

4）引下线应可靠接地，接地电阻值应符合规定；

5）引下线应短而直，连接紧密，采用铜芯绝缘线，其截面积应不小于：上引线16mm²；下引线25mm²。

（3）与引线的连接应紧密可靠；引线绝缘子安装应位置合适，边缘与杆身部位距离保持在300mm以上。

第四步：开关吊装

吊装开关设备时应使用可靠的钢丝绳索套牢，检查无误；吊起时应保持平衡，不准斜吊开关，套管处必要时应包垫；在开关配件未安装牢固前不得解除吊勾。杆上中压开关的安装应符合下列规定：

（1）安装前需核实智能开关的技术性能、参数符合使用要求；

（2）做分合闸试验时，操动机构分合动作正确可靠，指示清晰；

（3）瓷件、套管良好、外壳干净，无渗漏油现象；

（4）安装牢固可靠，水平倾斜不大于托架长度的1/100；

（5）外壳应可靠接地。

第五步：安装控制终端

（1）取出控制终端，打开开关，接上 GPRS 天线，保证设备处于上线状态。

（2）打开终端后盖，连上软件，再次确认 APN、IP、保护参数等设定是否正确。

（3）控制终端的具体安装高度根据现场开关安装位置与顺延的航空线的实际长度来定，但是不能安装在开关本体上方。

（4）将开关本体引下来的航空插头与终端航空插座对接并锁紧牢固（如果控制电缆太长须可靠固定）。

第六步：连接引线

（1）铜铝端子使用前应先检查有无裂纹、毛刺、飞边、砂眼、气泡等缺陷，接触面应光滑平整，并涂抹导电脂。端子型号与导线匹配，不得采用掐断导线线芯的组装方式。铜接触面与开关端子接触面应紧密。

（2）接地装置的地下部分应采用焊接，其搭接长度：扁钢为宽度的 2 倍；圆钢为直径的 6 倍。地下接地体应有引上地面的接线端子。保护接地线与受电设备的连接应采用螺栓连接，与接地体端子的连接可采用焊接或螺栓连接。采用螺栓连接时，应加装防松垫片。

3.2.2.4 带电安装智能开关

第一步：设置绝缘遮蔽措施

（1）斗内 2 号作业人员转移工作斗，斗内 1 号作业人员对电源侧内边相位带电部位（主导线、引线、断路器出线套管端部）进行绝缘遮蔽。遮蔽原则是从上到下，从近到远、从大到小。

（2）斗内 2 号工作人员转移工作斗，斗内 1 号作业人员对电源侧外边相的带电部位（主导线、引线、断路器出线套管端部）进行绝缘遮蔽。遮蔽原则是从上到下、从近到远、从大到小。

（3）斗内 2 号作业人员转移工作斗，斗内 1 号作业人员对电源侧中间相的带电部位（主导线、引线、断路器出线套管端部）进行绝缘遮蔽。遮蔽原则是从上到下、从近到远、从大到小。

第二步：拆除断路器电源侧三相引线

（1）斗内 2 号作业人员转移工作斗，斗内 1 号作业人员拆卸断路器带电侧内边相引线。拆卸部位为导线端。

（2）斗内 2 号作业人员转移工作斗，斗内 1 号作业人员拆卸断路器带电侧外边相引线。拆卸部位为导线端。

（3）斗内 2 号作业人员转移工作斗，斗内 1 号作业人员拆卸断路器带电侧中间相引线。拆卸部位为导线端。

第三步：拆除断路器负荷侧三相引线

斗内 2 号作业人员转移工作斗，斗内 1 号作业人员拆卸断路器负荷侧三相引线。

第四步：拆卸原柱上断路器

（1）绝缘斗臂车复位，安装绝缘小吊臂。

（2）斗内 2 号作业人员转移工作斗，使斗臂车小吊就位，在断路器安装吊环上设置绝缘绳套后放下吊绳，使小吊轻微受力。

（3）地面作业人员登杆在断路器上设置控制绳，然后拆卸断路器底座、外壳接地线等。

（4）斗内作业人员与地面作业人员互相配合，操作小吊将断路器吊至地面。

（5）拆卸断路器支架。

第五步：吊装柱上智能开关

（1）在原有位置安装智能开关支架。

（2）地面作业人员安装好智能开关的引线、其他配件和控制绳。

（3）斗内作业人员与地面作业人员配合，用绝缘斗臂车小吊将智能开关吊至安装位置。

（4）地面作业人员固定柱上智能开关底座，接好智能开关的外壳接地引下线，并确保断路器处于分闸位置。

（5）绝缘斗臂车复位，拆除小吊臂。

第六步：安装终端

（1）取出控制终端，打开开关，接上 GPRS 天线，保证设备处于上线状态。

（2）打开终端后盖，连上软件，再次确认一下 APN、IP、保护参数等设定是否正确。

（3）安装控制终端，具体安装高度根据现场开关安装位置与顺延的航空线的实际长度来定，但不能安装在开关本体上方。

（4）将开关本体引下来的航空插头与终端航空插座对接并锁紧牢固（如果航空线太

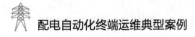

长，可以用小铁丝固定下）。

第七步：搭接智能开关负荷侧三相引线

斗内 2 号作业人员转移工作斗，斗内 1 号作业人员搭接智能开关负荷侧三相引线。

第八步：搭接智能开关电源侧三相引线

（1）斗内 2 号作业人员转移工作斗，斗内 1 号作业人员搭接智能开关电源侧中间相引线，并且用 3M 胶带对主导线搭接部位做好防水、防腐处理。

（2）恢复中间相引线和智能开关出线套管端部的绝缘遮蔽措施。

（3）斗内 2 号作业人员转移工作斗，斗内 1 号作业人员搭接智能开关电源侧外边相引线，并且用 3M 胶带对主导线搭接部位做好防水、防腐处理。

（4）恢复外边相引线和断路器出线套管端部的绝缘遮蔽措施。

（5）斗内 2 号作业人员转移工作斗，斗内 1 号作业人员搭接智能开关电源侧内边相引线，并且用 3M 胶带对主导线搭接部位做好防水、防腐处理。

（6）恢复内边相引线和智能开关出线套管端部的绝缘遮蔽措施。

第九步：撤除绝缘遮蔽措施

（1）斗内 2 号作业人员转移工作斗，斗内 1 号作业人员按照先小后大、从远到近、从上到下的原则撤除中间相绝缘遮蔽措施。

（2）斗内 2 号作业人员转移工作斗，斗内 1 号作业人员按照先小后大、从远到近、从上到下的原则撤除外边相绝缘遮蔽措施。

（3）斗内 2 号作业人员转移工作斗，斗内 1 号作业人员按照先小后大、从远到近、从上到下的原则撤除内边相绝缘遮蔽措施。

第十步：撤离杆塔

斗内作业人员检查确认线路设备运行正常，无遗落或缺陷后，撤离有电区域，返回地面。

3.2.3 智能开关系统数据录入和调试

（1）现场安装调试工作结束后，主站系统操作技术人员检查主站接收的数据是否正常，主要有数据链路、遥测、终端出厂参数项等。若接收的数据正常，则通信功能正常；若未收到数据，根据接入调试的结果进行相应的排错处理。

（2）现场智能开关的分合闸状态调试：上送的状态信息与主站接收的状态信息一致，说明信号上传正常；不一致进行相应排错处理。

（3）保护定值参数的召测并确认：召测设备的保护定值（调度部门安装前提供）确认这台开关为保护解除状态，则无需开启保护功能。

（4）调试成功后，自动开始现场数据采集上传。

3.2.4 智能开关系统拆除

二次设备因运行时期到期、异常原因导致无法使用、配网网架调整等原因，需拆除更换新设备。设备拆除主要由各供电所单位自行安排，现场设备拆除后，需同步在四区主站执行拆除流程，该流程与设备安装流程类似。智能开关在四区系统发起拆回流程，设备在拆除后，会自动上送拓扑文件，四区系统接收终端上报信息后，将对应终端设备状态由运行状态变更为拆除状态。四区用户可在拆除设备查询模块对设备状态为"拆除"的设备进行查询。

3.2.5　智能开关系统返厂

智能开关拆除后需在"返厂设备管理"模块中对在拆除设备管理 tab 页中提出返厂申请的设备进行审批。

返厂申请人需在系统中对智能开关返厂提交审批，审批通过后，该（批）设备拆回状态由"返厂申请待审批"变更为"返厂维修"。

待返厂维修结束后，需在系统内进行设备重新入库操作。

3.2.6　智能开关系统报废

智能开关拆除后需在"报废设备管理"模块中对在拆除设备管理 tab 页中提出报废申请的设备进行审批。

审批通过后，该（批）设备拆回状态由"报废申请待审批"变更为"报废"。

3.2.7　智能开关参数设置

由供电公司提供的安装地点，厂家核对好安装地点，贴上相应参数标签，终端上的控制器的 SIM 卡，IP 地址与硬件 MAC 对应。IP 地址、APN 及端口参数设置界面如图 3-23 所示。

软件通信波特率和采集器号参数设置如图 3-24 所示。

各地供电公司需提供开关定值单，根据定值单来设定保护参数。智能开关定值单格式如表 3-7 所示，具体数值按智能开关保护整定规则视各线路具体情况计算决定。

表 3-7　　　　　　　　　　　××公司柱上开关整定单

NO：××

××变	××线	额定电压：10kV		通知日期：××—××—××
开关安装位置：××线××杆智能开关_新型智能开关				
名称	功能投退	定值（A）	时间（s）	备注
速断保护	启用	1200	0	—
过流保护	启用	400	0.3	—
重合闸	启用	—	20	—
零序电流限值	告警	3	—	

图 3-23　IP 地址、APN 及端口参数设置界面 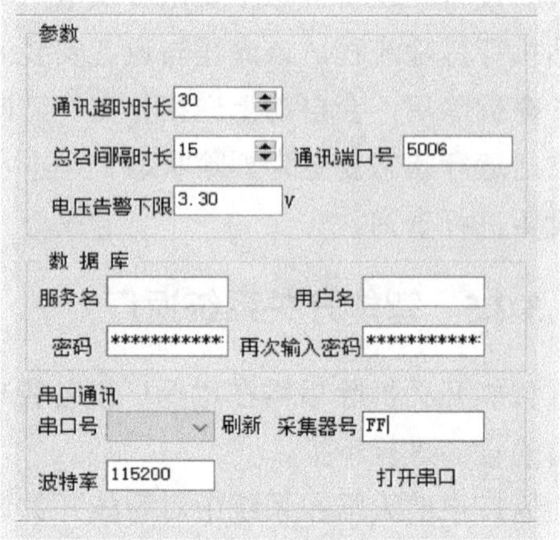　　图 3-24　通信波特率和采集器号参数设置图

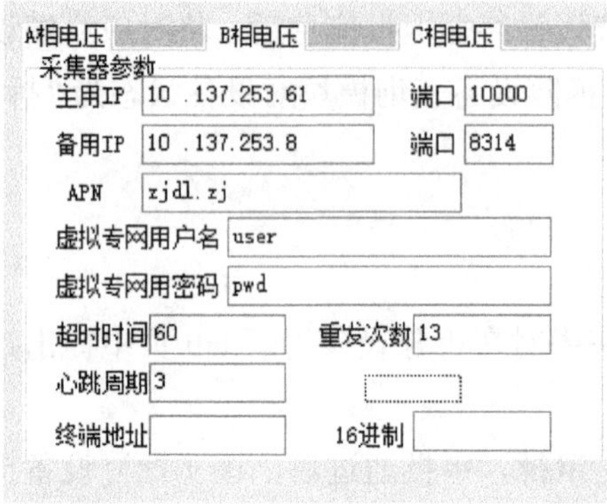

参数设置界面如图 3-25 所示。

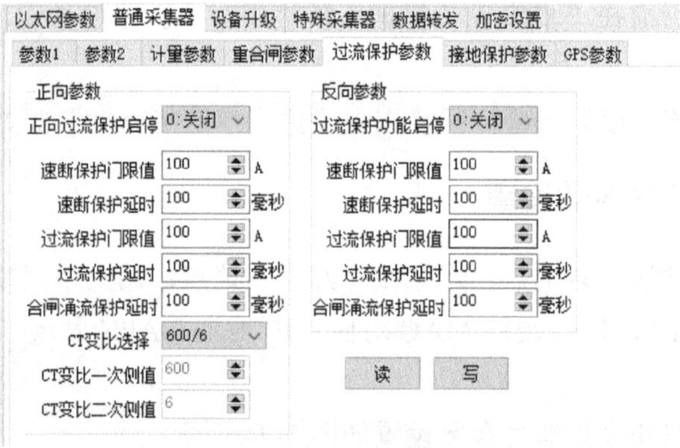

图 3-25　保护定值设置界面

3.2.7.1　接地保护参数设置参考

1. 接地判断参数设置

（1）接地故障可设的判据：三相电压及零序电流为接地故障判断依据。

（2）接地判断时间（接地分闸延时）不低于 60s。

（3）新智能开关具备双向保护，若只投单向保护，注意正反向参数设置相同。

2. 接地判据参考

（1）三相电压门限值：电压升高比例 30%，电压降低比例 30%。

（2）零序电流门限值：根据各供电公司对零序电流门限值设定，智能开关安装完试运行一周后根据运行的数据再确认是否需要修改零序电流值。

3.2.7.2　短路保护参数设置参考

1. 智能开关保护投退规范

（1）10kV 智能开关作为总线开关、联络开关及联络通道上的开关使用时，过流、速断、重合闸保护仅投告警，不动作出口，档位调整为"遥控退出"，如图 3-26 所示；投入集中型馈线自动化的主线开关调整为"硬压板退"，如图 3-27 所示。

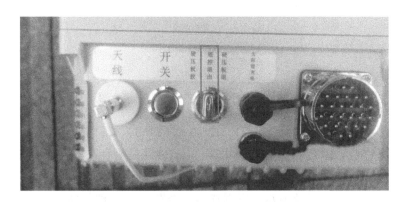

图 3-26　智能开关遥控退出

（2）10kV 智能开关作为支线开关（断路器）使用时，过流、速断、重合闸保护均应投入，接地、过流告警功能开启，智能开关终端上硬压板档位调整为"遥控退出"（见图 3-26），智能开关本体上重合闸调整为投入状态。

图 3-27　智能开关硬压板退

智能开关保护投入或退出示意图如图 3-28 所示。

2. 智能开关保护整定规则

10kV 智能开关作为支线开关（断路器）使用时，保护整定参数设置如下：

（1）速断保护门限值＝后段容量/1.732/10×（5～8），得出的定值需小于站内Ⅱ段大于站内Ⅲ段保护定值。速断延时默认 0s，根据线路是否存在上/下级智能开关加减级差 0.15s。（若需实现多级级差配合，时间级差可采用 0.1s，但存在失配可能性。下同）

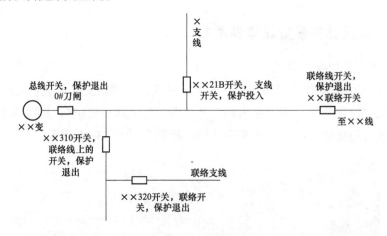

图 3-28　智能开关保护投入或退出示意图

（2）过流保护门限值＝后端容量/1.732/10×（2～3），得出的定值需小于站内Ⅱ段大于站内Ⅲ段保护定值。过流延时默认 0.2s，根据线路是否存在上/下级智能开关加减级差 0.1s。

（3）涌流延时一般默认为 0.6s，根据线路是否存在上/下级智能开关加减级差 0.1s。

（4）接地告警零序电流值设定。根据站内接地方式，分经消弧线圈接地和不经消弧线圈接地。不经消弧线圈接地的智能开关接地方向使能需开启，接地告警零序电流值根据线路上最大负荷（指正常运行时的最大负荷，非故障时的负荷）来设定，零序电流值取值如表 3-8 所示。

表 3-8　　　　　　　　　　　　零序电流值取值参考

线路最大负荷（A）	零序电流（A）×10	线路最大负荷（A）	零序电流（A）×10	线路最大负荷（A）	零序电流（A）×10
小于 10	30	94～107	60	200～220	100
10～30	35	107～147	70	220～250	110
30～55	40	147～174	80	250 以上	120
55～94	50	174～200	90		

【保护整定案例】

练市所-荃仁 717 线-亭子桥支线-1#（一级支线），无下级智能开关，容量为 2920kVA。

1）理论上 I_{max} 最大负荷电流：2920/17.3＝169（A）；

2）速断门限值 5～8 倍的 I_{max}：169×5＝845（A，取整）；

3）过流门限值 2～3 倍的 I_{max}：169×2＝338（A，取整）；

4）速断延时 0s，过流延时 0.2s，根据线路是否存在上下级增加级差 0.1s；

5）涌流延时一般为 0.6s，根据线路是否存在上下级增加级差 0.1s；

6）支线开关重合闸一律开启，设置的定值必须小于站内Ⅱ段、Ⅲ段定值（速断小于站内Ⅱ段定值，过流小于站内Ⅲ段定值）。

所以计算得出的定值为：速断 900A，速断延时 0s，过流 400A，过流延时 0.2s，涌流延时 0.6s，重合闸开启。

3.2.8　智能开关告警及动作逻辑

1．短路故障选择性保护

短路故障发生时，智能开关检测到突变的短路故障电流，满足智能开关保护分闸条件，离故障点最近的智能开关分闸保护隔离故障点，保障供电可靠性。

线路发生故障时，电流由正常运行电流突变到故障电流时：

1）当故障电流大于速断保护门限值时，则开关保护分闸时间以速断保护延时的时间进行分闸；

2）当故障电流大于过流保护门限值且小于速断保护门限值时，则开关保护分闸时间以过流保护延时的时间进行分闸。

线路发生故障时，电流由 0 突变到故障电流时：

1）当故障电流大于速断保护门限值时，则开关保护分闸时间以速断保护延时的时间进行分闸；

2）当故障电流大于过流保护门限值且小于速断保护门限值时，则开关保护分闸时间以合闸涌流保护延时的时间进行分闸。

2．接地故障选择性保护

接地故障发生时，智能开关检测到线路突变的三相电压、零序电流，满足智能开关保护分闸条件，智能开关经接地分闸延时后分闸，隔离故障点。

接地保护分闸逻辑如图 3-29 所示。

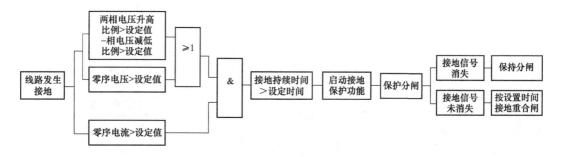

图 3-29　接地保护分闸逻辑图

3．保护参数设置

新型智能开关可设置正反向两套保护参数（含过流保护与接地保护）。终端复位或上电默认为正向保护，70s 后进行方向判断并将当前方向保护参数写入保护板中。方向判别规则如下：

1）总有功在－100kW～100kW，维持原保护方向不变；

2）总有功在小于－100kW 且持续 30s，此时判断为反向，启动反向保护；

3）总有功在大于 100kW 且持续 30s，此时判断为正向，启动正向保护。

3.2.9 利用智能开关动作查找故障点

某线路单线图如图 3-30 所示。

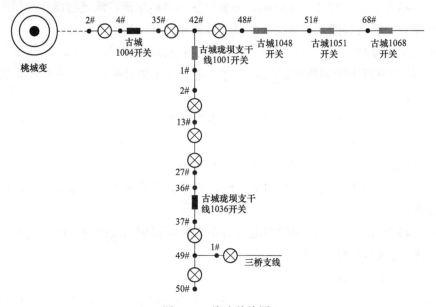

图 3-30 线路单线图

2020-12-01 07:49，110kV 桃城变古城 714 线古城珑坝支干线 1036 发生智能开关跳闸事件（见图 3-31），同时，珑坝支干线 13#、27#、37#发生故障指示器短路告警，系统自动研判出故障范围为古城 714 线垅坝支干线 37#与垅坝支干线 50#，三桥支线 1#之间。

设备履历查询

设备概况 | 档案信息 | 全寿命周期 | 实时监测

终端任务 | 一二次融合设备采集数据 | 告警查询 | 报文查询 | 数据召测

监测位置 古城垅坝支干线1036开关　终端名称 垅坝支干线1#_新型智能开关　终端条码 33300268188001332618　开始时间 2020-12-01

结束时间 2020-12-01　查询

1　14　共1页共6条　导出

监测位置	告警发生时间	告警接收时间	告警编码	告警名称	状态	终端名称	终端条码	告警遥测数
古城垅坝支干线1036开关	2020-12-01 08:21:10	2020-12-01 08:21:14	0012003	开关储能状.	储能完成	垅坝支干线1#_新型智能开关	3330026818800133..	查看
古城垅坝支干线1036开关	2020-12-01 08:21:07	2020-12-01 08:21:11	0012001	开关分位	分	垅坝支干线1#_新型智能开关	3330026818800133..	查看
古城垅坝支干线1036开关	2020-12-01 08:21:07	2020-12-01 08:21:11	0012002	开关合位	合	垅坝支干线1#_新型智能开关	3330026818800133..	查看
古城垅坝支干线1036开关	2020-12-01 08:21:07	2020-12-01 08:21:11	0012003	开关储能状.	储能释放	垅坝支干线1#_新型智能开关	3330026818800133..	查看
古城垅坝支干线1036开关	2020-12-01 07:49:33	2020-12-01 07:49:38	0012001	开关分位	合	垅坝支干线1#_新型智能开关	3330026818800133..	查看
古城垅坝支干线1036开关	2020-12-01 07:49:33	2020-12-01 07:49:38	0012002	开关合位	分	垅坝支干线1#_新型智能开关	3330026818800133..	查看

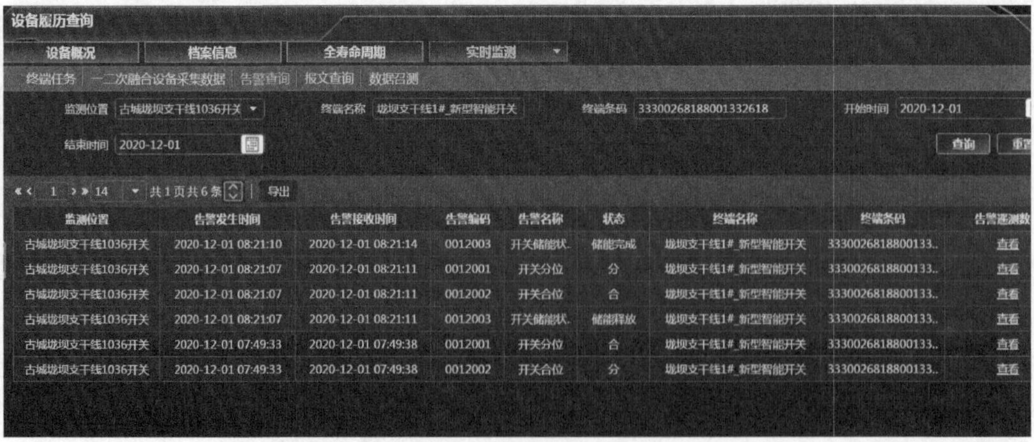

图 3-31 Ⅳ区参数查询

古城 714 线珑坝支干线安装了两台智能开关，经查询，在故障发生时，古城珑坝支干线 1001 开关未发生跳闸事件，开关终端通信异常，无告警信号上传。珑坝支干线 2# 故障指示器也处于通信异常状态，无告警信号上传。古城珑坝支干线 1036 开关通信、采集、告警功能均正常，珑坝支干线 13#、27#、37#、50# 故障指示器和三桥支线 1# 故障指示器均运行正常，因此系统研判故障范围准确。

第 4 章 安全防护典型操作案例

本章所述案例均使用 PDI902 型终端。

4.1 终 端 上 线 要 求

4.1.1 前期准备

（1）笔记本电脑一台，要求操作系统 Windows 7 及以上（32 位或 64 位），框架版本.Net Framework 2.0，安装有配电终端证书管理工具（见图 4-1）。

图 4-1 配电终端证书管理工具

（2）串口数据线（母）一根（见图 4-2）。

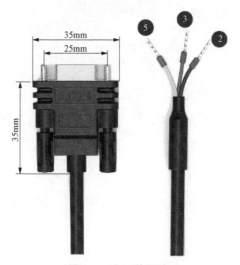

图 4-2 串口数据线

（3）USB 转 232 串口线（公）一根（见图 4-3）。

（4）网线一根。

（5）USB Key。

4.1.2 典型案例

1. 配电终端证书申请流程

配电终端投运前的证书申请及下载需使用配电证
书管理工具，配电终端证书管理工具包括运行于 PC 机
（或笔记本电脑）的证书管理软件及安全模块（USB
Key，分为测试 USB Key 和正式 USB Key）。配电终端
正式证书申请及下载分为以下三步：

图 4-3 USB 转 232 串口线

（1）配电终端证书管理工具的申请。申请流程如图 4-4 所示，配电终端挂网投运前，
地市供电公司发送"配电终端证书管理工具申请表（加盖公章）"至中国电科院配电所，
申请配电终端证书管理工具。申请审核通过后，中国电科院配电所将配电终端证书管理
工具发往地市供电公司。

（2）终端证书请求文件的生成及正式证书的签发。证书签发流程如图 4-5 所示，地
市公司（可由终端厂家协助操作）利用证书管理工具配套的测试 USB Key 作为安全模块，
提取配电终端证书申请信息并生成批量证书请求文件（P10 文件，.req 格式）。地市供电
公司将终端证书请求文件（打包为 zip 格式通过内网邮箱发送）提交中国电科院配电所
（xubaoping@epri.sgcc.com.cn），中国电科院通过内网邮箱将签发的终端正式证书发送至
地市供电公司，然后导入配电主站。

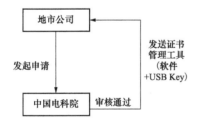

图 4-4 证书管理工具申请流程图

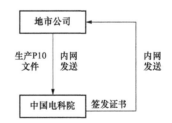

图 4-5 终端正式证书签发流程图

（3）终端内主站、网关正式证书导入。在终端正式证书请求文件（P10 文件）生成
并导出后，地市公司利用证书管理工具配套的正式 USB Key 作为安全模块，将主站、网
关正式证书导入配电终端。导入正式证书前应确保终端安全芯片的密钥版本为 0（若密
钥版本不是 0，请用测试 USB Key 对终端进行密钥恢复操作，然后导入主站、网关测试
证书）。

2. 配电终端申请证书的导出及正式证书的导入

（1）加密导出只能用 CPU 板第二个串口或者第三个串口，CPU 板跳帽由 485 模式

改为 232 模式，如图 4-6 所示。

（a） （b）

图 4-6 CPU 板跳线模式图

（a）232 跳线；（b）485 跳线

（2）将网线连接配电终端的维护网口，用对应厂家的维护软件检查确认终端 ID 号位是否与铭牌上产品编号一致，若不一致需修改为一致。装置参数设置如图 4-7 所示：

1）串口 1 配置成对上平衡式 101；

2）遥控加密标志配置 2；

3）101 遥控加密标志配置 2（SV1.214 以上版本有此选项）。

装置参数(GIN:6[53]) 当前编辑区：1

	描述	值	最小值	最大值	步长
1	A网IP地址	100.100.100.001	000.000.000.000	255.255.255.255	1
2	A网子网掩码	255.255.255.000	000.000.000.000	255.255.255.255	1
3	B网IP地址	100.100.101.001	000.000.000.000	255.255.255.255	1
4	B网子网掩码	255.255.255.000	000.000.000.000	255.255.255.255	1
5	调试地址	89	0	65535	1
6	装置地址	1	0	65535	1
7	定点文件记录周期	15	5	60	1
8	网口0规约号	无效	0	255	1
9	网口1规约号	无效	0	255	1
10	串口0规约号	无效	0	255	1
11	串口1规约号	对上_平衡式IEC101	0	255	1
12	串口2规约号	无效	0	255	1
13	串口3规约号	无效	0	255	1
14	GPRS规约号	0	0	255	1
15	遥控加密标志	2	0	255	1
16	net0加密标志	0	0	255	1
17	net1加密标志	0	0	255	1
18	101遥控加密标志	2	0	255	1

图 4-7 装置参数设置图

（3）接上 USB 转串口调试线，将串口调试线上的 TX、RX、GND 对应终端通信端子上的 RX、TX、GND 或通信端子的 1、2、3，对于 232、485 共用串口的需进行跳线，改为 232 串口，如图 4-8 所示。

图 4-8　通信端子

（4）插上测试用 USB Key，打开配电终端证书管理工具，PIN 码为 123456，输入后进入软件，软件界面如图 4-9 所示。

图 4-9　软件界面

（5）点击选项，选择端口配置，会出现图 4-10 所示的弹窗，将校验位改为无校验位（none），根据电脑实际端口号选择端口号，其他默认。

（6）再次点击选项，选择基础信息维护，将对应的省市名称添加好，如图 4-11 所示。

（7）点击文件，选择打开端口，出现图 4-12 所示界面。

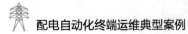

配电自动化终端运维典型案例

图 4-10 串口配置

图 4-11 基础信息维护

图 4-12 端口打开后的界面

（8）导出证书前需要先点击终端身份认证（见图 4-13），导出终端证书后再导入主站。正式证书无需进行身份认证，可直接导入。

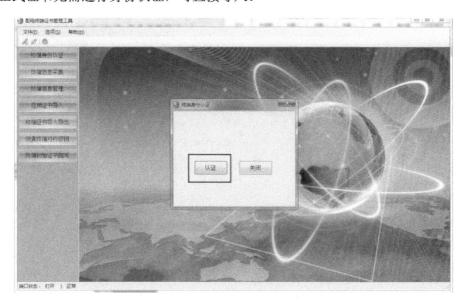

图 4-13　终端身份认证

（9）直接点击认证，认证成功后所有选项都变为可执行状态，如图 4-14 所示。

图 4-14　终端身份认证后状态

（10）点击终端信息采集按钮，会出现终端信息窗口（见图 4-15），然后点击窗口中的"读取终端基本信息"，就能获取到终端序列号等一系列信息，然后点"保存"就能将

配电自动化终端运维典型案例

信息保存在本地数据库中。

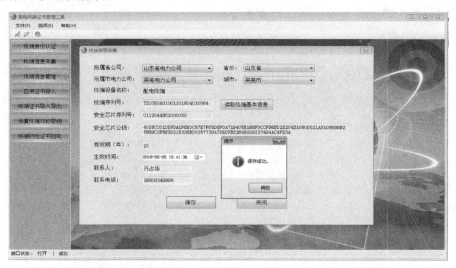

图 4-15　终端信息采集

（11）保存成功之后点击主界面的"终端信息管理"按钮，出现图 4-16 所示的界面，选择好时间和省市信息，点"查询"。

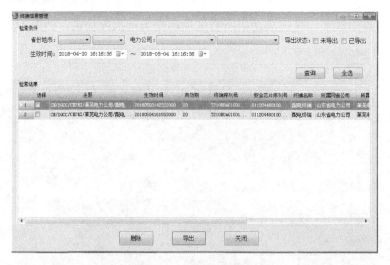

图 4-16　终端信息管理

（12）查询到导出的证书请求文件后将文件勾选，然后点击"导出"，会生成一个证书申请表文件（xls 格式）以及证书请求文件，名称格式为"终端序列号_安全芯片序列号.req"（见图 4-17），然后将生成的文件保存到 U 盘并提交电科院。

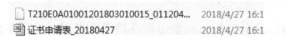

图 4-17　证书请求文件

（13）保持终端端口状态不变，将主站正式证书 USB Key 插入电脑，直接点击"应用证书导入"，选择"导入正式证书"（见图 4-18），出现"导入成功"的弹窗即完成导入。

图 4-18　正式证书导入

4.1.3　要点及注意事项

（1）配电终端程序内 ID 号需与铭牌上一致。

（2）配电终端需在硬加密状态，且导加密串口需打开；对于 232、485 共用串口的需进行跳线。

（3）串口的收发地对应 DB9 串口的发收地。

（4）USB Key 测试与正式不可用错。

（5）导出的文件为证书申请表文件（xls 格式）以及证书请求文件，名称格式为"终端序列号_安全芯片序列号.req"。

（6）在确保导出的证书申请文件正确的情况下才可以导入正式证书。

4.2　现 场 运 维 终 端

4.2.1　前期准备

（1）笔记本电脑一台，安装有 SSH Secure Shell Client 软件，软件图标如图 4-19所示。

图 4-19　SSH Secure Shell Client 软件图标

（2）网线一根。

4.2.2　典型案例

开关端口服务主要是开关 FTP（21）、TCP（23）端口，用到的命令有：

1）端口查询 netstat -an；

2）开放 FTP 端口 inetd；

3）关闭 FTP 端口 killall inetd；

4）开放 TCP 端口 telnetd；

5）关闭 TCP 端口 killall telnetd。

具体操作步骤如下：

（1）软件连接：将网线插至维护口，将电脑 IP 修改为与终端同网段（以南瑞 PDZ920 为例），点击"Quick Connect"按钮，修改网址为 100.100.101.1，用户名为 root，其他按图 4-20 配置（注意不同厂家可能有所不同）。

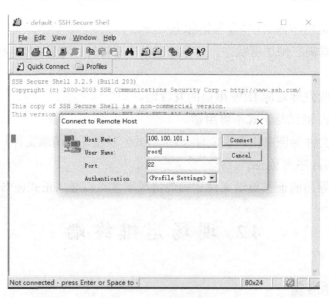

图 4-20　参数配置

（2）按照要求输入密码 sotfplat，点击"OK"，等待连接，如图 4-21 所示。

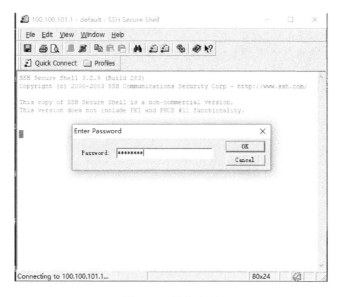

图 4-21　输入密码

（3）在软件中输入 netstat -an，可查询端口及连接情况，如图 4-22 所示。

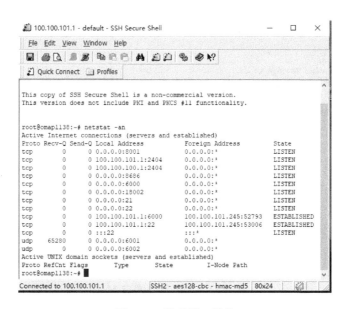

图 4-22　检查端口服务

（4）打开需要使用的端口，图 4-23 所示为打开 FTP 端口 21，图 4-24 则为打开 TCP
端口 23。

（5）重启装置后可以自动关闭端口，也可以利用软件手动关闭，如图 4-25、图 4-26
所示。

配电自动化终端运维典型案例

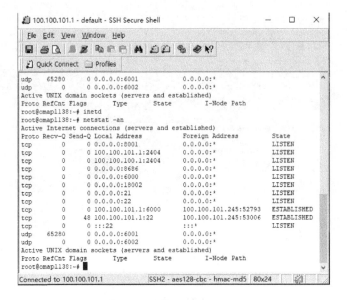

图 4-23　打开 FTP 端口 21

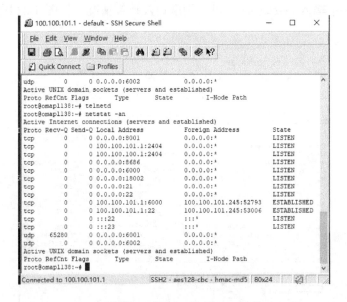

图 4-24　打开 TCP 端口 23

4.2.3　要点及注意事项

程序连接时，注意电脑 IP 与装置是否同网段，可以利用 CMD 程序 ping，检查连接是否正常。不同厂家使用的程序可能有所差别，具体需根据实际情况进行检查。

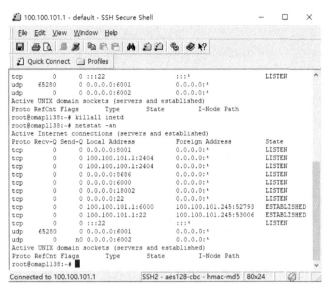

图 4-25 关闭 FTP 端口 21

图 4-26 关闭 TCP 端口

第5章 配电自动化运维

5.1 自动化终端运行要求

配电自动化是提高供电可靠性，提升配网运行管理效率的重要工具，是实现智能电网的重要基础。随着配电自动化的建设的全面开展，配网自动化的规模逐步扩大，配电自动化的日常运维变得越来越重要，其运维体系的建立，规则的制定成为配电自动化系统能够正常运行的重要保障。

5.1.1 配电自动化终端运维现状及存在的问题

随着我国智能电网的飞速发展，以及各地配电自动化建设的不断深入，日常运维压力也与日俱增，现阶段配电自动化终端的运行存在许多问题。

（1）终端厂家众多。在当前设备招标框架下，存在着同一地区终端型号不统一的问题，相关运维人员需要对各品牌的终端进行相应的学习了解，加重运维人员工作量。

（2）许多地区未专门设置配电自动化运维部门，运维职责不够清晰。目前没有形成标准的配电自动化运行规范，相关运行人员职责也无明确规定，随着自动化规模的不断扩大，急需专门的自动化运维部门进行日常管理。

（3）部分运维人员的技能水平无法满足要求。自动化终端运维涉及一次、二次、继保、通信、计算机等多个专业，目前运维人员的专业构成上缺乏相应配套。

5.1.2 配电自动化终端运行管理

配电自动化终端在日常运行过程中，需要开展配电终端巡视检查；当发现各种异常现象时，需要及时处理；当终端在使用过程中发生故障，则需要立即进行故障处理。此外，相应的备品备件管理也是保证配电自动化终端能够正常运转的重要手段。因此，需要制定相应的运维管理规定。

5.1.2.1　配电自动化终端运维人员职责

相关配电自动化运维单位配置专职运行维护人员，建立完善的岗位责任制，确保自动化系统能够稳定运行。运维单位应结合自身实际制定配电自动化系统运行管理要求，包括配电自动化各类设备的运行巡视、缺陷管理、投运退役管理、软件管理、设备异动管理、二次安防要求等。

各县（市、区）检修分公司（配电运检室）负责所管辖区域配电自动化终端的运行维护，设备包括 10kV 柱上终端设备 FTU、10kV 开关站和环网室（箱）内终端设备 DTU 和后备电源及辅助设施等。要求如下：

（1）负责本单位配电自动化系统终端设备的运行维护。

（2）负责自动化终端外观及相关一、二次设备的现场巡视检查，负责系统异常处理的组织协调工作，参加自动化系统事故的调查和分析。

（3）负责现场配电自动化二次设备的维护、检修、保护定值整定和故障的分析处理。

（4）运行设备参数改变或运行方式变化及新增设备时，在规定时间内报送配调，并参加新装自动化设备投运前的检查和验收。

（5）负责自动化终端相关文档的建立和保管。

各县（市、区）信通公司负责所管辖区域配电自动化终端的（OLT、ONU）、光缆及其附属设备，通信网管监控系统应用与维护等。要求如下：

（1）负责本单位配电自动化通信网架的建设，光缆敷设。

（2）负责配电自动化终端通信模块的安装调试。

（3）负责本单位配电自动化通信网架的日常巡视，异常问题的消缺处理。

5.1.2.2　配电自动化终端巡视管理

配电自动化终端运行巡视的内容包括：

（1）配电自动化终端运维人员应周期性地对配电终端等进行巡视和检查，结合相关一次设备，若发现异常应及时通知相关部门并进行处理，同时应做好相关缺陷流程管理并按规定上报。

（2）配网通信系统运维人员应定期对通信网架及相关通信设备进行巡视。地市供电企业可根据实际情况，在不影响人身和设备安全的前提下，开展一、二次及配网通信设备的综合巡视。

5.1.2.3　配电自动化终端缺陷管理

自动化终端缺陷按等级分为紧急缺陷、重要缺陷和一般缺陷。

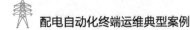

紧急缺陷是指威胁人身或设备安全，严重影响设备运行、使用寿命及可能造成自动化系统瓦解，危及电力系统安全、稳定和经济运行，务必立即进行处理的缺陷。自动化终端的紧急缺陷主要有：

（1）大面积的终端掉线，工况退出，造成自动化系统功能失效。

（2）一次开关柜电操误动。

严重缺陷是指对设备功能、使用寿命及系统正常运行，有一定影响或可能发展成为紧急缺陷，但允许其带缺陷继续运行或动态跟踪一段时间，必须限期安排进行处理的缺陷。自动化终端的严重缺陷主要有：

（1）终端通信通道中断。

（2）配电终端发生遥控拒动等异常情况。

（3）对调度员监控、判断有影响的重要遥测量、遥信量故障。

一般缺陷是指对人身和设备无威胁，对设备功能及系统稳定运行没有立即、明显的影响且不会发展成为重要缺陷，应限期安排处理的缺陷。自动化终端的一般缺陷主要有：

（1）单点终端通信不稳定，时断时续。

（2）单点终端电压，电流遥测不准确。

（3）单点终端蓄电池电压不足。

（4）单点终端不影响正常运行的构件损伤。

站所终端的缺陷除了在日常巡视中被运维人员发现以外，经常还会由调控中心的主站系统、信通公司的网管系统在日常工作及事故处理等情况时发现。当发现缺陷时，应第一时间确认缺陷归属并通知相关部门，做好缺陷挂牌登记工作，填写缺陷处理联系单（见表 5-1）并尽快对缺陷进行处理消除。

配电自动化缺陷主要有以下四类：

（1）主站软硬件缺陷。由调控中心主站系统通知，调控中心负责登记并安排消缺计划。

（2）通信骨干网络缺陷。由信通公司网管系统通知，信通公司负责登记并安排计划消缺。

（3）通信终端（业务接入层）缺陷。由调控中心主站系统，信通网管系统或运检巡视发现通知，信通公司及检修分公司负责登记并安排消缺计划。

（4）DTU、FTU 终端缺陷。由调控中心主站系统或运检巡视发现通知，检修分公司负责登记并安排消缺计划。

缺陷处理是否成功需要由主站运维人员确认，确认成功后摘除调试牌，进行缺陷分类归档。运维检修部应组织各专业部门对缺陷进行原因分析。

具体配电自动化缺陷处理流程可参考图 5-1。

表 5-1　　　　　　　　　**国网××供电公司配电自动化缺陷处理联系单**

缺陷内容		发现日期	
主送单位		缺陷性质	
抄送单位		完成期限	
缺陷具体情况描述： 部门：　　　　　　　　缺陷发现人：　　　　　　　　联系电话：			
主站缺陷处理情况（缺陷情况、处理内容、预计恢复时间等）： 部门：　　　　　　　　缺陷处理人：　　　　　　　　联系电话：			
通信缺陷处理情况（缺陷情况、处理内容、预计恢复时间等）： 部门：　　　　　　　　缺陷处理人：　　　　　　　　联系电话：			
终端缺陷处理情况（缺陷情况、处理内容、预计恢复时间等）： 部门：　　　　　　　　缺陷处理人：　　　　　　　　联系电话：			
缺陷处理确认： 部门：　　　　缺陷确认人：　　　　联系电话：　　　　确认日期：			

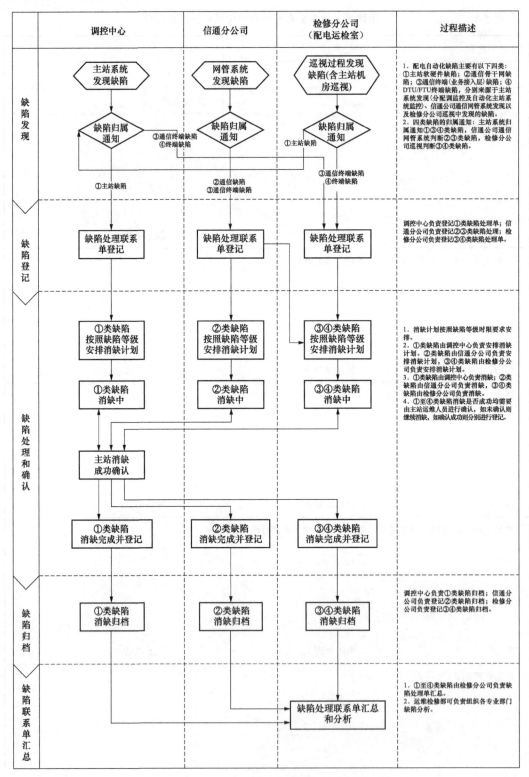

图 5-1 ××供电公司配电自动化缺陷处理流程

5.1.2.4　配电自动化终端备品备件管理

备品备件管理要求运维部门结合设备条件及缺陷处理情况，准备足够的备品备件库存并定期检查；备品备件的储藏条件应满足厂家说明书上有关温度、湿度等环境存放方面的要求；运维部门需定期做好备品备件的检测工作，保证其能够正常使用。

5.2　站 所 终 端 运 维

站所终端（见图 5-2）是安装在开关站、配电室、环网柜、箱式变电站等处的配电终端，依照功能分为三遥终端和二遥终端。站所终端的运维包括日常的巡视、设备勘察、缺陷处理、设备资料整理等。

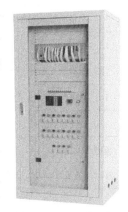

图 5-2　DTU 外形图

5.2.1　站所终端的巡视管理

按照一次设备的巡视周期，结合日常巡视工作定期对配电自动化现场设备和通信设备进行巡视，填写配电自动化终端巡视卡（见表 5-2），确保自动化现场设备的正常运行，发现异常及时进行通知相关部门并进行处理。

表 5-2　　　　　　　　　　　　　　配电自动化终端设备巡视卡

配电自动化终端设备巡视卡			
设备名称（开关站名等）			
设备种类	生产厂家、型号等	数量	投运时间
配电自动化终端设备			
通信设备			
巡视记录			
一、配电自动化终端设备		运行情况	备注
1. 设备表面清洁，无裂纹、缺损、异响和异常声音			
2. 设备柜门关闭良好，无锈蚀、无积灰，电缆进出孔封堵良好，柜内无凝露			
3. 交直流电源正常，空气开关均在合闸位置			
4. 终端柜内二次端子排接线部分无松动			
5. 终端设备运行工况正常，各指示灯信号正常，各板件紧固无松动			

巡视记录		
6．终端开关位置信号与一次设备位置一致		
7．终端在远方位置		
8．已投运相关自动化线路的遥控压板均在投入位置		
9．终端通信正常，能否接收主站发下来的报文		
10．终端遥测数据正常，遥信位置正确		
11．设备的接地牢固可靠，终端装置电缆线头的标号清晰正确、无松动		
12．终端装置参数定值和钟校正确		
13．二次安全防护设备运行正常		
14．蓄电池无渗液老化，电压正常		
二、通信设备（通信 24 小时值班电话××××× ）		
EPON 设备		
1．设备表面清洁，无裂纹、缺损、异响和异常声音		
2．背板指示灯：PON 绿灯闪烁，LOS 灭		
3．面板设备指示灯：POWER 绿灯亮，ALARM 灭，RUN 绿灯闪烁		
载波设备		
1．设备表面清洁，无裂纹、缺损、异响和异常声音		
2．电源等绿灯亮，运行灯绿灯亮		
巡视时间		
巡视人员		

5.2.2 站所终端巡视内容

（1）设备表面是否清洁，有无裂纹和缺损，有无异响和异常声音。

（2）设备柜门关闭良好，无锈蚀、无积灰，电缆进出孔封堵良好，柜内无凝露。

（3）交直流电源是否正常，空气开关均在合闸位置。

（4）终端柜内二次端子排接线部分有无松动。

终端设备运行工况是否正常，各指示灯信号是否正常，各板件紧固无松动（见图 5-3）。

（5）终端开关位置信号与一次设备位置一致。

（6）终端在远方位置。

（7）已投运相关自动化线路的遥控压板（见图 5-4）均在投入位置。

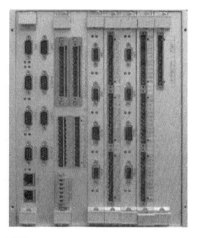

图 5-3　指示灯与板件

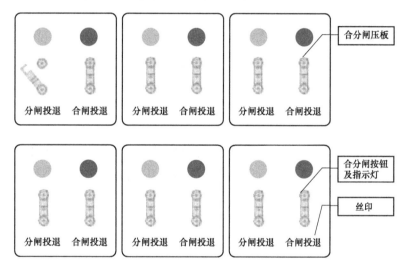

图 5-4　DTU 遥控压板

（8）终端通信是否正常，能否接收主站发下来的报文。

（9）终端遥测数据是否正常，遥信位置是否正确。

（10）设备的接地是否牢固可靠，终端装置电缆线头的标号是否清晰正确、有无松动。

（11）对终端装置参数定值和钟校等进行核实。

（12）检查相关二次安全防护设备运行是否正常。

（13）检查蓄电池有无渗液老化，电压是否正常。

（14）检查 EPON 设备和载波设备。

5.2.3　站所终端一次设备巡视内容

站所终端的巡视除了对 DTU、FTU、通信设备、电源设备的巡视检查以外，一次设

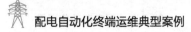

备的巡视也是非常重要的，包括开关柜、变压器、压变柜等。一次设备的正常运行是自动化系统能够正常稳定运行的保障。

配电自动化终端运维对一次设备的检查主要包括：

（1）检查开关柜上送遥测遥信信号是否正常准确。

（2）检查开关柜二次仓内接线是否正常，有无松动掉线现象。

（3）检查开关柜三遥间隔的一次开关柜远方就地转换开关是否在远方位置。

（4）检查开关柜二次仓内操作电源空气开关是否推上。

（5）检查开关柜二次仓内加热或除湿器是否正常运行，有无凝露现象。

（6）检查压变柜、变压器是否正常运行，对 DTU 供电电压是否满足规定要求。

（7）检查开关柜是否正确满足"三遥"接入要求，有无漏接间隔。

（8）检查开关柜间隔命名与自动化终端间隔命名是否正确对应。

5.2.4 站所终端的巡视规定

（1）巡视时与带电部位保证足够的安全距离，不允许触碰运行中的一、二次设备。

（2）巡视正常周期为一月一次，并填写巡视记录，特殊情况可根据实际需求增加巡视次数。

（3）发现异常时，应做好相应的记录，通过拍照、视频等方式留下相关资料。

（4）巡视时发现缺陷，应及时向管理部门报告，做好缺陷管理，尽快消除缺陷。

（5）遇有以下情况应进行特殊巡视：

1）大风，雷雨，冰雹，暴雪等异常天气；

2）长期停运终端设备重新投运；

3）线路发生故障后的终端设备；

4）其他有特殊原因的终端设备。

5.3 故障指示器运维

配电线路故障指示器是一种安装在电力线路上指示故障电流的装置。运维人员需要对它们进行定期的巡视检查，当发现故障指示器存在缺陷时，需要告知相关部门并及时处理消除故障，以提升供电可靠性。

5.3.1 故障指示器巡视管理

运维单位应结合配电网一次设备、设施运行状况和气候、环境变化情况以及上级运维管理部门的要求，编制计划、合理安排，开展标准化巡视工作。故障指示器由汇集单元、采集单元两个主要部分组成，如图 5-5 和图 5-6 所示。

图 5-5　汇集单元

图 5-6　采集单元

5.3.2　故障指示器巡视内容

故障指示器巡视检查包括外观检查和运行状态检查等。故障指示器各个单元的巡视检查要求如下：

5.3.2.1　故障指示器外观检查

1．采集单元外观

（1）需检查指示器外观是否有破损；

（2）指示器固定扣是否可靠固定在导线上，保险扣是否损坏；

（3）指示器视窗是否出现发白、起雾、污物覆盖、翻牌未复归等情况。

2．汇集单元外观

（1）检查终端取电装置是否可靠，如太阳能板是否存在污损、覆盖、遮挡等现象等；

（2）检查终端 GPRS 天线、RF 天线是否可靠连接，为确保汇集单元与指示器通信良好，需将两者直线距离保持在 5m 以内；

（3）检查终端工作指示灯是否正常闪烁，是否提示设备异常；

（4）检查终端抱箍是否可靠固定，有无滑动、脱落的风险。

5.3.2.2　故障指示器运行状态检查

在现场不便于拆下汇集单元时，可以通过配电自动化主站获取设备运行状况，如图 5-7 和图 5-8 所示，依据主站记录的数据，可以清晰地了解到设备的运行状况，为现场消缺、维护工作提供指导性意见。

（1）检查采集单元与汇集单元通信是否正常；

（2）采集单元采集功能是否正常，如数据能否反映线路实际情况；

（3）设备是否与主站正常通信；

（4）设备运行工况是否良好，如蓄电池电压、充电电压是否正常；

配电自动化终端运维典型案例

（5）设备各项参数配置是否正常。

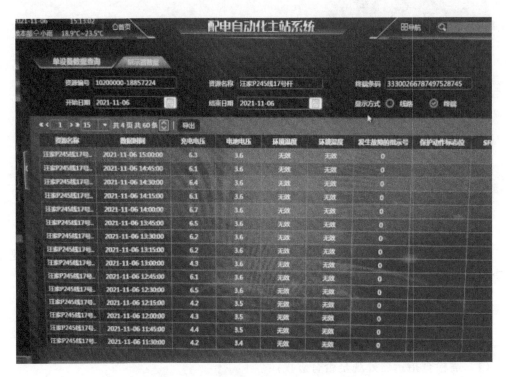

图 5-7 Ⅳ区主站查询充电电压、蓄电池电压

图 5-8 Ⅳ区主站查询告警内容

162

5.3.3 故障指示器巡视规定

（1）巡视时与带电部位保证足够的安全距离，不允许触碰运行中的一二次设备。

（2）巡视正常周期为城区一个月一次，郊区及农村一个季度一次，并填写巡视记录，特殊情况可根据实际需求增加巡视次数。

（3）发现异常时，应做好相应的记录，通过拍照、视频等方式留下相关资料。

（4）巡视时发现缺陷，应及时向管理部门报告，做好缺陷管理，尽快消除缺陷。

（5）遇有以下情况应进行特殊巡视。

1）长期停运终端设备重新投运；

2）线路发生故障后的终端设备；

3）存在外力破坏可能或在恶劣气象条件下影响安全运行的线路及设备；

4）重要保电任务期间的线路及终端设备；

5）其他电网安全稳定有特殊运行要求的线路及终端设备。

5.4 智能开关运维

配电架空线路智能开关属于一二次融合成套设备，在设备投产运行后，需要定期对其开展运维工作，及时消除巡视与检查中发现的各种缺陷，以预防事故的发生，确保安全供电。

5.4.1 智能开关巡视管理

运维单位应结合配电网一次设备、设施运行状况和气候、环境变化情况以及上级运维管理部门的要求，编制计划、合理安排，开展标准化运维巡视工作。智能开关由开关本体、智能终端两个主要部分组成；智能开关运维包括外观检查、运行状态检查。智能开关运维工作必须坚持"应修必修，修必修好"的原则，把周期性检修和诊断检修结合起来，不断提高检修工作质量，确保电网的安全运行。

5.4.2 智能开关巡视内容

智能开关运维包括外观检查和运行状态检查。智能开关各个单元的巡视检查要求如下：

5.4.2.1 智能开关外观检查

1．开关本体外观

（1）需检查开管本体外观是否有破损、灼烧的情况；

（2）隔离闸刀是否合到位；

（3）上下极柱是否有异物覆盖、缠绕；

（4）本体上各个开关、指针是否指示正确。

2. 智能终端外观

（1）检查终端取电装置是否可靠，如太阳能板是否存在污损、覆盖、遮挡等现象等；

（2）检查终端 GPRS 天线是否可靠连接；

（3）检查终端工作指示灯是否正常闪烁，是否提示设备异常；

（4）检查终端抱箍是否可靠固定，有无滑动、脱落的风险；

（5）检查通信线是否有脱落、未插入的情况；

（6）检查开关是否打开。

5.4.2.2 智能开关运行状态检查

在现场不便于拆下 FTU 时，可以通过配电自动化主站获取设备运行的状况，如图 5-9 所示，依据主站记录的数据，可以清晰地了解设备的运行状况，为现场消缺、维护工作提供指导性意见。

图 5-9　Ⅳ区主站查询保护设置

（1）检查开关本体与终端通信是否正常；

（2）检查采集功能是否正常，如数据能否反映线路实际情况；

（3）检查终端是否与主站正常通信；

（4）检查设备运行工况是否良好，如蓄电池电压、充电电压是否正常；

（5）检查设备各项参数配置是否正常；

（6）检查设备定值是否配置正确。

5.4.3 智能开关巡视规定

（1）巡视时与带电部位保证足够的安全距离，不允许触碰运行中的一、二次设备。

（2）巡视正常周期为城区一个月一次，郊区及农村一个季度一次，并填写巡视记录，特殊情况可根据实际需求增加巡视次数。

（3）发现异常时，应做好相应的记录，通过拍照、视频等方式留下相关资料。

（4）巡视时发现缺陷，应及时向管理部门报告，做好缺陷管理，尽快消除缺陷。

（5）遇有以下情况应进行特殊巡视：

1）长期停运终端设备重新投运；

2）线路发生故障后的终端设备；

3）存在外力破坏可能或在恶劣气象条件下影响安全运行的线路及设备；

4）重要保电任务期间的线路及终端设备；

5）其他电网安全稳定有特殊运行要求的线路及终端设备。

5.5 运维方式更改配套工作

在自动化终端运维过程中，除了做好对已投入使用的配电自动化终端及相关设备的日常巡视、排故等日常运维工作之外，对于未改造自动化的站点、线路开关等设备也需要进行查勘，整理相关资料，为下一步自动化改造做好准备。除此之外，当有新的终端设备投运、旧的终端设备需要修改或退运的情况发生时，也需要做好相关的配套工作。

1. 未进行自动化改造的站点及线路开关的运维整理

（1）对未进行自动化改造的站点及线路开关进行查勘工作。

（2）确定相关站点及线路开关进行自动化改造的方案和工程量。

（3）制定合理的自动化改造工作计划，逐步实现配电线路自动化全覆盖。

2. 新投、更改或删除已有自动化终端间隔、开关后的运维整理

（1）新投、更改或删除的已有自动化终端间隔、开关名称需要及时更新相关信息点表，可遥控间隔清单，修改图模，PMS 等数据，发起异动相关流程，并告知主站。

（2）做好新投和因换柜等其他原因导致二次线重接的相关自动化设备的遥信、遥测、遥控对点工作。

（3）终端新增间隔后，若间隔数量超过原 DTU 最大间隔数量，需新增 DTU 或更换间隔数量更多的 DTU，并做好相关的调试、对点验收工作，以保证自动化系统正常运行。

（4）对于需新投、更改、删除已有自动化终端间隔的站点或线路开关所涉及的 FA 环应暂时退出，待其完成相关调试、对点验收工作后方可恢复 FA 运行。

（5）确认相关间隔及线路开关具备自动化实用条件，填写"联络间隔补充单"（见附录 1），移交调度使用。

3. 新投业扩站点自动化终端的运维管理

（1）新近入网的终端站点均需配置自动化终端设备，并选用国网招标名录设备。

（2）自动化终端设备均需送至省电科院检测后方可就地安装调试。

（3）新近入网设备电缆排管建设时应同时考虑通信光缆的通道要求。

（4）做好新投站点自动化终端设备的验收工作，制作终端信息表、图模、PMS 等相关资料，发起异动相关流程并告知主站。

（5）新投站点因在送电投运前完成自动化遥信、遥测、遥控联合调试工作。

（6）配合主站修改新投站点所涉及线路的 FA 环策略使其正常运行。

（7）确认相关站点具备自动化实用条件，填写"配电自动化系统站点迁移移交单"（见附录 2），移交调度使用。

4. 线路新投、更改、删除后的运维整理

（1）做好新投、更改线路的图模、PMS 等相关资料，发起异动相关流程并告知主站。

（2）配合主站修改修改相关线路的 FA 环策略，若线路变动太大，需重新组环。

（3）新投或更改运方线路上所有自动化终端及智能开关的保护定值设置，应与变电站保护定值相配合。

附录 1

联络间隔补充单

序号	站点	间隔名称	三遥时间	是否存在缺陷	所属环	备注
1	十一城 2 号配电室	海十 J278 线 G05	2020.08.24	否	迪森-迪海-海十-晏一	
2	宁东配电室	宁君 BA611 线 G06	2020.08.24	否	柳雀-中兴-引凤-美房-永物-华侨	
3	恒元新城 1 号配电室	嘉恒 BH666 线 G09	2020.08.24	否	铂海-海恒-江科-黄海-晏元-东技	
4						
5						
6						

供电所已确认图模和现场一致性。　　　　　　　　　供电所：

　　　　　　　　　　　　　　　　　　　　　　　　　年　　月　　日

　　配调在应用过程中若产生缺陷,请及时挂牌并记录。请消缺责任单位及时开展存量缺陷和新增缺陷的消除工作。

　　　　　　　　　　　　　　　　　　　　　　　　　调控中心：

　　　　　　　　　　　　　　　　　　　　　　　　　年　　月　　日

附录 2

配电自动化系统站点迁移移交单

2020 年新增业扩及后补站点
所涉系统环：

1	瑞峰-书苑-海二-协星-兴置	2	瑞峰-书苑-海二-协星-兴置	3	会南-展苑-海晏-会展	4	会南-展苑-海晏-会展
5		6		7		8	

站点清单

1	兴宁府 1 号配电室	2	兴宁府 2 号配电室	3	水悦名庭 1 号配电室	4	水悦名庭 2 号配电室
5		6		7		8	
9		10		11		12	
13		14		15		16	

站点存量缺陷

序号	站点名称	所属区域	缺陷内容
1			
2			
3			

以上站点已完成自动化对点工作。

供电所已确认图模和现场一致性。   供电所： 年 月 日
请供电所结合异动及时开展专题图图模维护工作。   运检部： 年 月 日

配调在应用过程中若产生缺陷，请及时挂牌并记录。请消缺责任单位及时开展存量缺陷和新增缺陷的消除工作。

调控中心： 年 月 日